建筑学城市理论前沿丛书 5

朱文一 主编

西方公共健身空间理论

Spatial Theory of Western Public Gymnasium

Urban Theories of the Architecture Volume 5

刘平浩 著

中国建筑工业出版社
CHINA ARCHITECTURE & BUILDING PRESS

图书在版编目（CIP）数据

西方公共健身空间理论／刘平浩著. —北京：中国建
筑工业出版社，2018.8
（建筑学城市理论前沿丛书 5）
ISBN 978-7-112-21895-0

Ⅰ.①西… Ⅱ.①刘… Ⅲ.①体育运动－公共空间－
空间规划－研究－西方国家 Ⅳ.①TU984.14

中国版本图书馆CIP数据核字（2018）第041488号

责任编辑：徐晓飞 张 明
责任校对：张 颖

建筑学城市理论前沿丛书 5

朱文一 主编

西方公共健身空间理论

刘平浩 著

*

中国建筑工业出版社出版、发行（北京海淀三里河路9号）

各地新华书店、建筑书店经销

北京锋尚制版有限公司制版

北京中科印刷有限公司印刷

*

开本：787×1092毫米 1/16 印张：14¼ 字数：176千字

2018年6月第一版 2018年6月第一次印刷

定价：48.00元

ISBN 978-7-112-21895-0

（31807）

建筑学城市理论与学科交叉
——建筑学城市理论前沿丛书序

什么是建筑学城市理论？这是指建筑学理论中有关建筑及城市的理论，主要探讨建筑与城市空间的形态规律。吴良镛提出的人居科学理论强调建筑学、城乡规划学、风景园林学三位一体，并与其他相关学科交叉融合 ❶；为拓展传统意义上的建筑领域提供了理论框架。建筑学城市理论的发展特点之一是与其他学科交叉，也就是将其他学科总结出的事物发展规律中可以被空间化的部分转译为空间与形态规律，纳入到建筑学城市理论的自身体系之中，进而丰富建筑学城市理论。早期的建筑学城市理论与工程技术、美学、几何学等融合；近代以来，建筑学城市理论与社会学、心理学、行为学、哲学、文化学以及生态学、环境科学、信息科学等结合，逐步形成了现代意义上的建筑学城市理论体系。可以认为，与其他学科交叉不仅丰富了建筑学城市理论，而且也构成了建筑学城市理论持续发展的平台。

当今世界热点问题层出不穷，众多的研究者从不同的视角、不同的学科关注着这些热点问题。其中一些预示未来的热点问题，已经引起了有的学科广泛的关注和较为深入的研究。这些研究尽管还没有形成相对成熟的理论体系，但不少研究成果对事物规律的揭示在一定程度上显示出前瞻性。如何从空间的角度捕捉预示未来的热点问题，并对与其相关的学科成果进行梳理和研究，使之成为建筑学城市理论体系的一部分，构成了理论前沿丛书的主要内容。

二十多年前，我开始进行建筑学城市理论与现象学、心理学、文化学等学科交叉的研究，提出了空间原型理论，即中国建筑与城市空间边界原型和街道亚原型、西方建筑城市空间地标原

❶ 吴良镛编. 人居环境科学导论［M］.
北京：中国建筑工业出版社，2001.

型和广场亚原型，以及构成建筑与城市的六种空间类型；并就此完成了博士论文。研究成果分别于 1993 年、1995 年和 2010 年出版和再版❶。目前，我正在做的工作是重新梳理过去的研究成果，并结合近年来的研究进展，完成一部新的著作《空间原型》。这本书将作为建筑学城市理论前沿丛书辑一出版。

从 2005 年开始，我指导博士研究生进行建筑学城市理论前沿课题研究。兰俊著《美国影院建筑发展史》（丛书辑三）、滕静茹著《女性主义建筑学理论》（丛书辑二）和李煜著《城市"易致病"空间理论》（丛书辑四）等三本书分别于 2013 年、2014 年和 2016 年出版。即将出版的《西方公共健身空间理论》（丛书辑五）的作者是 2017 年毕业的刘平浩博士。该书对西方公共健身空间的研究理论及实践展开。在全面梳理西方健身空间的起源和发展基础上，该书归纳和总结了近现代以来西方健身空间所形成的"健身场"、"健身厅"和"健身室"三种公共健身空间类型，并对此展开了深入的研究。该书还结合中国城市出现的类似健身空间进行了对比分析，并结合中国"全民健身"政策，以北京为例，探讨了中国公共健身空间的定位和发展现状，该书的研究内容在一定程度上弥补了中国建筑学领域相关研究的空白，希望对构建中国城市公共健身空间理论具有参考价值。

建筑学城市理论与其他学科的交叉融合是一项长期持续的工作。建筑学城市理论前沿丛书只是冰山一角，希望丛书的出版能为中国建筑学城市理论大厦的建构添砖加瓦。

朱文一

2012 年 1 月 31 日

2018 年 6 月 6 日修改于清华园

❶ 朱文一. 空间·符号·城市 [M]. 第一版. 北京：中国建筑工业出版社，1993；朱文一. 空间·符号·城市 [M]. 台北：台湾淑馨出版社，1995；朱文一. 空间·符号·城市 [M]. 第二版. 北京：中国建筑工业出版社，2010.

目 录

第一章

绪 论

　　健身运动是一项面向大众的体育运动类型。作为一种以健康为目标的、低门槛的公共运动方式，瑜伽、健身操、举铁等健身的不同表现形式逐步成为当代人们日常生活的重要组成部分。1995 年《全民健身计划纲要》颁布实施，正式明确了"全民健身"的概念和目标。2008 年的北京奥运会进一步激发了全民的健身激情，奥运会开幕的 8 月 8 日更是成了我国的"全民健身日"。

　　作为一种在近 30 年来快速兴起并逐步成为主流的公共体育运动方式 ❶，健身及其相关领域的研究需求也在不断涌现。从健身方式方法套路（体育专业），到商业健身房的运营（经济专业），再到健身文化的推广（社会学专业），健身已经逐步成为一个全新的理论研究领域。本书正是立足于"健身"这一主题，以建筑学的专业空间视角，聚焦健身文化的载体——公共健身空间；并结合中西方的公共健身空间案例，在空间类型研究的基础上，探讨中国当代"全民健身"导向下的公共健身空间的定位和体现。

一、研究背景

研究对象："健身空间"自古是健身文化的空间体现

　　健身运动全面兴起至今不到 100 年的时间，在中国更是不到 30 年的时间。然而，寄托了人们对于"健康"的追求，面向大众的健身运动自人类社会历史早期，就已初具规模。古希腊的公共健身运动倚靠体育竞技运动和宗教祭祀活动，形成了独特的公共健身运动传统和体系，而与之相应的公共健身房也具有成熟的空间模式。在中国，"导引"作为一种类似"修行"的健身方式，成为人们追求长生不老的重要方

❶ 马国馨. 和谐社会体育应惠及全民 [J]. 城市建筑，2007 (11): 6-8.

图1-1　帛画《导引图》摹本
资料来源：湖南省博物馆（http://www.hnmuseum.com/）

图1-2　精武会武术宣传照片
资料来源：陈铁生，1919: 55.

式（图1-1）；而作为面向大众的重要休闲武术形式，"舞剑"则形成了最早的公共健身文化。虽然以"健康"为目标的健身运动有着极其悠久的历史，基督教对于包括健身在内的体育运动的全盘否定，致使西方公共健身文化发展在中世纪时期完全被切断了，形成了西方大众健身传统的断层；成熟而体系化的古希腊公共健身文化最终失传。18世纪，随着宗教改革和启蒙运动，对于人自身的医学视角研究使古希腊的健身运动传统重见天日。"健身"以身体教育的形式重新回归公共生活。20世纪，"力量"文化的回归和大众对于肌肉和形体美的追求（图1-2），促使由健美比赛、肌肉表演、健身房、健康餐饮和书籍等构成的健身产业逐步成熟，健身文化在全球范围内全面兴起。

　　而作为公共健身文化的最重要的空间载体，公共健身空间也伴随着健身文化的兴衰而变化。其空间形态、规划布局、表现形式乃至社会地位的转变一方面反映了相应时代公共健身文化的发展和健身运动方式的特色，另一方面也反映了普通大众对于"健康"解读的差异。因此，以建筑学专业的空间视角研究公共健身空间具有重要的交叉学科研究的意义，为传统体育历史专业的研究提供了全新的视角，也丰富了传统建筑学中体育场馆的文化层面研究。本研究正是以此为背景，以历史演进为线索，探讨伴随健身文化发展而逐步形成的公共健身空间的类型及其空间特点。

研究角度："健身"文化同建筑学的交叉学科研究

建筑学专业和体育专业的交叉学科研究本身就有着悠久的历史。传统的体育场馆、配套设施的建设一直是建筑学的重要研究主题之一。早在维特鲁威的《建筑十书》中，就有了对于竞技场、健身房等体育运动设施的记载❶。而随着中世纪后各国体育运动文化的复苏，各种类型的体育运动设施也逐步兴起，建筑学专业的介入也逐步加深，并形成了更为专业的各类体育场馆设施的研究。在奥运会逐步盛行的今天，以奥运场馆为核心的大型体育场馆空间研究依然是当代建筑学的热门话题。与此同时，随着"健康城市"概念的提出，面向普通大众的公共体育设施的建设、规划布局也逐步成为当代重要的建筑学研究议题。

作为体育专业中较为新兴的议题，"健身运动"同建筑学的设计实践也有着诸多交叉。古希腊的健身房 ^{（图1-3、图1-4）} 就被维特鲁威收录在《建筑十书》中；而在 19 世纪大量校园健身房的设计和模式探讨中，建筑师也起到了巨大的推动作用；20 世纪的商业健身房的出现和空间营造更离不开建筑师的介入。同时，健身作为一种面向普通大众的低门槛体育运动方式，是"全民健身"政策的核心组成部分，也是"健康城市"构建的重要元素；基于后者的建筑层面、城市层面乃至更大范围的规划布局层面的研究也逐步涌现。围绕"健

❶ Pollio V. Vitruvius: The Ten Books on Architecture [M]. Harvard university press, 1914.

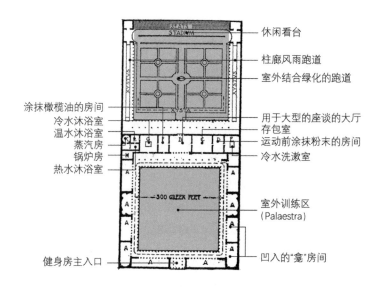

休闲看台

柱廊风雨跑道

室外结合绿化的跑道

涂抹橄榄油的房间
冷水沐浴室
温水沐浴室
蒸汽房
锅炉房
热水沐浴室

用于大型的座谈的大厅
存包室
运动前涂抹粉末的房间
冷水洗漱室

室外训练区
(Palaestra)

健身房主入口

凹入的"龛"房间

图 1-3　维特鲁威《建筑十书》中的古希腊健身房（Palaestra）平面模式
资料来源：笔者改绘自 Pollio V, 1914:161.

身"主题的建筑学研究框架正在逐步完善中。本书正是基于这一交叉学科的专业研究背景，以健身运动为研究主题，以建筑学专业的空间视角，借鉴西方近现代健身空间的演进线索，探讨健身运动的核心空间载体——健身空间的类型及其特点。

研究内容："健康城市""全民健身"的理论基础

早在 20 世纪 60 年代，世界卫生组织就发起了"健康城市计划"（Healthy Cities），意在推动人类的健康和宜居。在1994 年的《Action for health in cities》中，针对构建"健康城市"的主题，从环境（Environment）、公正（Equity）、生活方式（Lifestyles）、基础设施（Settings）、参与式的推广方式（New styles of action: partnerships and participation）、正视城市问题（Responses to major urban issues）、城市体验（City Experience）等层面提出了建议和案例❶，其中大量主题都同城市公共空间息息相关。中国也第一时间参与到"健康城

❶ World Health Organization. Action for health in cities [R]. WHO Regional Office for Europe, 1994.

图 1-4　维特鲁威《建筑十书》中记载的
配备健身区的庞贝 Stabian 浴场平面模式
资料来源：笔者改绘自 Pollio V, 1914:
158.

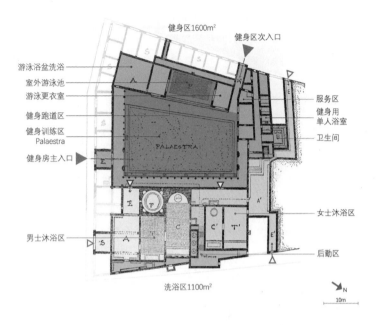

市"的探索中，并于 2007 年全面启动全国范围的健康城市
的建设。

　　与此同时，1995 年《全民健身计划纲要》颁布实施，"全
民健身"的概念开始在中国普及，健身运动也正式被认为是
达到全民健康的重要途径 ❶。而在《全民健身计划（2016—
2020 年）》中，"统筹建设全民健身场地设施，方便群众就
近就便健身"更是为建筑学专业的健身空间研究提出了指导
思想和方向。

　　正是基于这一研究背景，以建筑学空间视角，针对以公
共健康为核心目标的健身运动的研究具有更为重要的意义。
健身文化的空间视角研究不仅是创建"健康城市"探索的实
践基础，更是"全民健身"的重要理论基础。因此，本书在
历史维度上的健身文化的空间视角探索——公共健身空间类
型及其特点研究对于"健康城市"和"全民健身"都具有极
为重要的理论意义。

❶ 国务院. 全民健身计划（2016-2020）
　［S］. 国务院国发〔2016〕37 号，2016.

二、研究对象

健身

本书中的"健身"指狭义上的健身运动。在前人的研究中，"健身"往往在概念上较为广义。林笑峰认为健身"即建设人的身体，使身体健壮，使身体健全，使身体健康"❶；朱金官认为"健身就是健全人的身体、增强人的体质"❷；毕春佑认为"健身的含义是建设人的身体或健全人的身体，也可以说是增强人的体质"❸；总结来说，只要是具有增强体质的运动方式都可以认为是"健身"。陈跃华提出的"健身是指运动各种体育手段，结合自然力和卫生措施，以发展身体、增进健康、增强体质和愉悦身心为目的的身体活动过程"❹。这一观点则更为广义，将"健身"运动概念定义至"体育运动"类似的概念范围。

同上述较为广义的定义不同，Eric Chaline 认为，健身房中的"健身"运动方式包含了功能型健身运动（Functional）、治疗型健身运动（Therapeutic）、形体型健身运动（Aesthetic）和"引入"型健身运动（Alternative）4 种类型❺，与本书所采用的狭义的"健身"定义最为吻合。

综合上述，本书中的"健身"特指**"以某种特定的套路，个人或者团体方式进行的，以健康为核心目标的，面向普通大众的非竞技性运动方式"**，包括有组织的跑、跳或是单双杠等体能训练方式，也包括借助哑铃、杠铃等进行的负重训练方式，而诸如瑜伽、有氧操等等有组织的以健康塑形为目标的运动方式也包含在本书"健身"运动的概念范围内。但本书中的"健身"概念不包含诸如足球、篮球等竞技运动项目，也不包括上述运动项目的专门训练（非以健康为目标）；不

❶ 林笑峰. 健身教育论 [M]. 长春：东北师范大学出版社，2008: 3.

❷ 朱金官. 健身健美手册 [M]. 北京：中国大百科全书出版社，1995

❸ 毕春佑. 健身教育教程 [M]. 北京：科学出版社，2006.

❹ 陈跃华. 运动健身科学原理与方法研究 [M]. 北京：中国水利水电出版社，2013.

❺ Chaline E. The temple of perfection: A history of the gym [M]. Reaktion Books, 2015: 9.

包括个人的随意拉伸运动（无特定的套路），也不包括军队等非公共机构内部中的身体训练活动（非面向普通大众）。

公共健身空间

"公共健身空间"是本书最为重要的关键词。本书中"公共健身空间"的概念可以极为明确地对应于英语的"Gymnasium"一词。"Gymnasium"源于古希腊的"Gymnasia"，指设计用来承载运动员努力训练的城市"综合体"（gymnasia were complexes originally designed to house athletic endeavor）[1]。在当代，"Gymnasium"往往被认为是面向普通大众的用于进行定位为休闲活动的身体训练的公共场所（the gym as a place for everyone and of exercise as a mass leisure activity）[2]，其中人们通过不同形式的训练方式，达到改变自己身形的目标（The gymnasium is the place where the body is transformed through physical practices, specifically different forms of exercise.）[3]。在中文语境中，"Gymnasium"往往被直接翻译为"健身房"。中国国家标准《体育场所等级的划分》"第 2 部分：健身房星级的划分及评定"（GB/T 18266.2-2002）中指出，健身房是指设有集体健身场地、负重和有氧健身器械设备以及健身指导人员，并向消费者提供有偿健身健美服务的体育场所[4]。从这一定义中不难得出，健身房的概念包含了空间（健身场地）、器械（负重和有氧健身器械设备）以及相关训练方式（健身指导人员和健身健美服务）等 3 层含义。

结合上述的概念综述，本书中的"公共健身空间"即"Gymnasium"，指一类专门的，通过不同形式的身体训练方式和特定的健身运动器械，改变身体形态、状态、表现的城市公

[1] Glass S L. Palaistra and Gymnasium in Greek Architecture [D]. Philadelphia: University of Pennsylvania, 1967.

[2] Andreasson J, Johansson T. The Global Gym: Gender, Health and Pedagogies [M]. London: Palgrave Macmillan, 2014.

[3] Chaline E. The temple of perfection: A history of the gym [M]. Reaktion Books, 2015: 9.

[4] 中华人民共和国国家质量监督检验检疫总局. GB/T 18266.2-2002 体育场所等级的划分 第 2 部分：健身房星级的划分及评定 [S]. 北京：中国标准出版社，2002.

共空间；包含了空间、器械以及相关训练方式等 3 个要素。其概念同"健身房"相近，但并不局限于一般认知中的室内健身房，也包括了室外的专门用于健身运动的"训练场"等。更为具体的，参照《The Temple of Perfection – a history of the gym》一书对于 gymnasium（gym）概念的界定，本书中的"西方近现代公共健身空间"具体指 19 世纪初德国出现的 Turnen 体操训练法对应的 Turnplatz 室外训练场和 Turnhalle 室内训练大厅，以及以此为蓝本在 19 世纪末至 20 世纪中红遍美国的基督教青年会会所健身房；19 世纪初法国出现的 Gymnase Normal 及其影响下在 19 世纪中叶逐步发展的法国室内健身房，尤其是校园健身房；19 世纪后半叶在法国、英国、美国等兴起的由"肌肉表演者"开设的"健身工作室"以及 20 世纪初在美国随着 Muscle Beach 的兴起而全面爆发的"商业健身房"。

三、研究综述

西方健身文化历史相关研究

在西方，由于民众对于自我身体、健康的关注有悠久的传统，健身的社会风潮相对明显，相应的文化历史研究也较为详尽。

西方对于健身文化的历史研究最早出现在 1569 年威尼斯，由医疗研究者 Forli Girolamo Mercuriale 撰写的《De arte gymnastica》以医疗治愈的视角，详尽记载了古希腊的健身房空间及其内进行的健身运动方法。之后发表于 1860 年伦敦的 John W.F. Blundell 的《The Muscles and their Story, from the Earliest Times》以健身房内的活动为线索，归纳了古代（古希腊和古罗马）健身房内的各种体育训练活动，并详细论述各自的来源及发展。

  针对美国本土的健康、健身历史的研究中也有大量涉及了健身房的发展。如 Shelly McKenzie 于 2013 年出版的《Getting Physical: The Rise of Fitness Culture in America》^{（图1-5）}中，探讨了美国从"二战"结束到 1990 年代的 50 年中，fitness 的风潮是如何产生、兴起，并最后通过商业健身房的物质形态表现出来的；虽然研究主体是健身文化，但大量章节提到了健身房，是非常重要的相关研究。除此之外，《Pumping Iron》^{（图1-6）}《Fitness in American Culture》《Making the American body》^{（图1-7）}等书均为美国健身文化历史的重要研究成果。

  美国得克萨斯大学奥斯汀分校的 Jan Todd 教授是当代国际上健身文化历史领域的重要研究者。她的研究方向是美国的健身文化历史。她同时也是她丈夫于 1990 年开始主持至今的杂志《Iron Game History》的协助主编，发表了大量同健身历史相关的文献，如 The Classical Ideal and Its

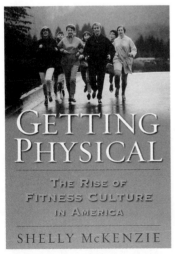

图 1-5 《Getting Physical》封面
资料来源：McKenzie S, 2013.

图 1-6 《Pumping Iron》封面
资料来源：Gaines C et al, 1981.

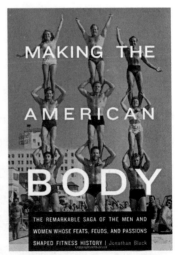

图 1-7 《Making the American Body》封面
资料来源：Black J, 2013.

Impact on the Search for Suitable Exercise: 1774–1830（1992），
"As Men Do Walk a Mile, Women Should Talk an Hour... Tis
Their Exercise" & Other Pre–Enlightenment Thought on Women
and Purposive Exercise（2002）等。同时著有《Physical Culture
and the Body Beautiful Purposive Exercise in the lives of American
Women 1800–1875》等。

总体来说，西方对于健身文化的研究较为成熟，尤其是
针对西方近现代的健身文化演进的研究尤为详尽。部分较为
重要的健身文化发展节点（如 Muscle Beach 等）的研究更是
文化研究的重点。对于西方健身文化，尤其是近现代健身文
化演进的梳理，为笔者研究健身文化的物质载体——健身空
间提供了重要的研究线索和研究基础。

西方健身训练方法和器械历史相关研究

西方随着健身文化的发展，大量的健身运动先驱结合前
人的经验和自己的切身体验，提出了具有时代特色的健身训
练方法。早在公元 2 世纪，古希腊运动家（physician）、哲
学家 Galen 就出版了《De Sanitate Tuenda》，探讨了运动对
于健康的益处，并提出了使用不同的跳跃模式进行健身运动
的方法。1531 年，Sir Thomas Elyot 出版关于力量训练的书
《Boke Named the Governor》，并在书中强烈推崇了 Galen 的
《De Sanitate Tuenda》。1569 年，Girolamo Mercuriale 出版
《De Arte Gymnastica》详细介绍了古希腊和古罗马时期的健
身训练方法。

启蒙运动时期，教育家 John Locke 和 Jean-Jacques Rousseau
分别出版了《Some Thoughts Concerning Education》和《Emile;
or, On Education》，强调身体训练在青少年教育中的重要性。

1793 年，约翰·古兹姆茨（Johann GutsMuths，1759—1839）以希腊训练方法为蓝本，结合自身的青少年健身教育的经验，出版《Gymnastik für die Jugend》形成了西方近现代第一套具有完备体系的健身运动法，奠定了至今健身教育法的理论基础。在此基础上，1816 年，Friedrich Ludwig Jahn 出版《德式体操（Die deutsche Turnkunst）》，提出 Turnen 健身体系；在其影响之下，1910 年，Pehr Henrik Ling 创立了科学的身体训练方法，将身体训练分为教育、军用、医用三个方面，提出了基于徒手的个人训练方法，收录于《The gymnastic free exercises of P.H.Ling》中。1897 年 Sandow 出版了基于自己经验的训练方法《Strength and How to Obtain It》（图1-8），奠定了负重训练的理论基础。以上只是部分的训练方法研究，在此不作更多罗列。在研究层面，这些健身训练方式看似相对独立，事实上均有着极大的传承关系，从中可以较为清晰的梳理出健身方式的发展演进过程。

在健身器材器械的演进历史方面，大部分的资料都是针对某个时代出现的某一种运动器械，或是发明者为了介绍一种新的器械而论述的文献。早在 1569 年，Girolamo Mercuriale 出版《De Arte Gymnastica》中就有关于古希腊健身房中健身器械的论述（图1-9）。而 1793 年德国古兹姆茨出版的《Gymnastik für die Jugend》也有专门的章节介绍了运动所需的器械类型和规模等。1855 年 James Chiosso 在伦敦出版的《The Gymnastic Polymachinon》则是介绍当时最先进的一种组合器械（类似于现代的半个史密斯架）（图1-10）。Jan Todd 教授于 1995 年发表的文章 From Milo to Milo 则是一篇较为系统的探讨当代主流的负重训练器械（如早期的 Milo，Indian clubs 到后来的固定重量的哑铃，再到现代的

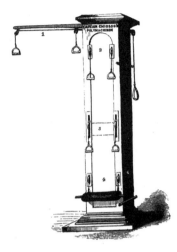

图 1-8 《Strength and How to Obtain It》封面
资料来源：Sandow E, 1897.

图 1-9 《De Arte Gymnastica》中记载的古希腊健身采用的负重训练器械
资料来源：Mercvrialis H, 1672.

图 1-10 《The Gymnastic Polymachinon》中的器械
资料来源：Chiosso J, 1855.

可调节重量的杠铃、哑铃）历史和发展演进过程的重要文献资料 ❶。

　　总的来说，西方对于健身训练方法和健身器械的研究和探讨虽然少有历史维度的整体梳理，但结合健身文化的发展脉络，不同时期的训练方法和训练器械的尝试的资料较为丰富。因此，通过理论梳理能够基本勾勒出健身训练方式和器械的演进过程。考虑到训练方式和器械对于健身空间有着极为直接的影响，因此，本书对于上述两者演进过程的梳理有助于挖掘公共健身空间背后的构建逻辑，进而为公共健身空间的归纳和分类提供有力的历史依据。

西方健身房空间历史相关研究

　　西方论述健身房空间历史的研究总体较为零碎，往往只是详细论述了某个很短的时代某个地区的健身房建筑。

❶ Todd J. From Milo to Milo: A history of barbells, dumbells, and indian clubs［J］. Iron Game History, 1995, 3(6): 4-16.

如古希腊的健身房在维特鲁威的《建筑十书》中就有专门的介绍，并配有奥林匹亚城健身房^(图1-3)和配备了健身区的庞贝 Stabian 浴场^(图1-4)两个案例。前文提到的《De arte gymnastica》一书中也有针对古希腊健身房的文字描述，并配有较为详细的平面功能分区图以及不同健身房区域的训练场景图^(图1-11)。1828 年德国教师 Friedrich Jahn 在发明了室外的训练法 Turnen 后，出版《A Treatise on Gymnasticks》，其中第三部分就详细解释了 Turnen 的尺寸、平面布局方法等，可以认为是 turnen 建筑设计手册。1830 年，法国人 Amorós 出版《Manuel de l'education physique, gymnastique et morale》，在上卷描述了他 Gymnase Normal 设计，并绘制了平面图，下卷则为之后军队和学校的健身空间提供了设计方法。

Paula Lupkin 于 2010 年出版的《Manhood Factories: YMCA architecture and the making of modern urban culture》^(图1-12)一书则完全从建筑视角入手，详细论述了 YMCA 在进入美国后的快速发展期，其建筑的风格、变迁等，由于 YMCA 同健身运动千丝万缕的关联，该书也可以认为是少数出自建筑师的关于健身房空间的研究。

Eric Chaline 于 2015 年 3 月出版了《The Temple of Perfection—A History of the GYM》^(图1-13)，该书是第一本关注健身房历史的研究资料，其中详细归纳了健身房从古希腊到 20 世纪末的历史发展过程。其研究对象是健身房本身，因此，其中的大量研究均与建筑和空间相关。但由于作者是研究历史文化的作家，并非建筑专业，其论述中对于空间的描述多停留在尺寸和行为的论述，没有深入到健身房空间的研究和特色归纳；且书中对于空间的描述多为文字资料，平面图等收录得非常少。

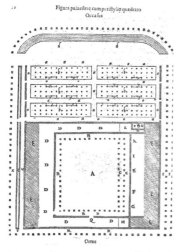

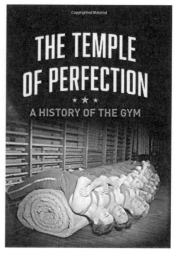

图 1-11 《De Arte Gymnastica》中记载
的古希腊健身房平面图
资料来源：Mercvrialis H, 1672.

图 1-12 《Manhood Factories》封面
资料来源：Lupkin P, 2010.

图 1-13 《The Temple of Perfection》
封面
资料来源：Chaline E, 2015.

　　总的来说，同本书直接相关的以建筑学视角的西方健身
空间研究较少，大多文献资料多为散点案例的研究。与此同
时，《The Temple of Perfection—A History of the GYM》一
书虽然并非建筑学视角，但其提出的健身房的历史发展线索
对于本研究有着极为重要的借鉴意义，为本研究对于健身空
间案例的搜集和整理提供了极为宝贵的线索。

国内体育学领域健身主题的研究

　　本书为交叉学科研究，综合了体育和建筑学两方面的研
究成果。在国内体育学专业研究领域，与健身空间相关的研
究主要集中在体育历史文化和体育产业发展两个研究领域中。

　　在体育历史文化领域可以大致分为两大主题：其一是特
定时期健身文化的发展。中国对于西方公共健身文化的研究
集中于古希腊时期、德国体操健身时期以及 20 世纪健美文

化时期，如湖南师范大学黄鑫于 2014 年发表的博士论文《作为生活方式的古希腊体育研究》、华东师范大学曹莹于 2014 年发表的硕士论文《论古希腊的形体教育》、东北师大体育系吕树庭等于 1994 年在南京体育学院学报发表的《体操与体育——一个史学的视野》等。其中也有少数探讨了西方健身文化影响下的中国健身文化的发展，如汤景山等于 1994 年发表于《体育文史》的《中国健美运动的历史发展——来自文化社会学角度的窥视》、卢晓文于 2003 年发表于《体育文化导刊》的《中国现代健美运动发展的历史回顾》等。对于中国传统公共健身文化的研究则主要集中于"导引"和"武术"。其中，对于"导引"的研究主要以套路本身的历史演进研究为主，并同道家的历史相结合；其中以沈寿老师的大量"导引"历史研究最具代表，如《西汉帛画〈导引图〉结合〈阴阳十一脉灸经〉综探》、《古本华佗五禽戏考释》、《毛泽东〈六段运动〉考辨》以及专著《导引养生百法图谱》等。而对于传统的"武术"文化的研究也同"导引"类似，关注于武术的套路本身以及武术团体的历史发展，如北京体育大学王涛于 2009 年发表的博士论文《中国武术的传承研究》、北京体育大学路祎祎于 2013 年发表的硕士论文《史论民间武术价值功能的嬗变》等。

另一类主题则是中西方健身文化的比较研究。这类研究大部分较为宏观的以文化、历史、社会风俗等角度对比中西方整体的健身文化和健身运动方式，如夏思永等于 2006 年发表于《北京体育大学学报》的《"顺其自然"与"征服自然"——中希古代健身理念的比较》、李英等于 2013 年发表于《西华大学学报》的《中西方健身文化比较研究》等。也有一些研究更为聚焦的关注某个特定时间阶段的中西方健身文化比较，如包蕾蕾于 2009 年发表于《首都体育学院学报》的《中德健身业对比和发展趋势新探》、胡海旭等于 2014 年发表于《北京体育大学学报》的《中西方运动训练哲学萌芽的特征比较》等。

在体育产业发展领域的研究则大多关注近当代以商业健身房为代表的健身产业和文化的整体发展，其往往偏向于社会学的调查研究，探讨未来健身文化的发展方向，如石立江的《大众文化视野下的健身房文化》、田里的《对我国健身房现状的调查》等。

总的来说，国内体育学领域的相关研究主要关注中西方健身运动在文化层面的发展，对本书研究构建健身文化的空间载体——公共健身空间的框架奠定了坚实的体育学视角的基础。

国内建筑学领域与健身空间相关的研究

公共健身空间，或者说健身房，在建筑学领域并非全新的概念。作为一类特殊的体育建筑，现有的大量关于体育建筑的研究均在理论层面对本研究有指导意义。

马国馨院士是国内体育建筑研究领域的重要代表人物。其发表的大量关于体育建筑发展的研究都同健身运动有巨大的关联。如 1999 年发表于《世界建筑》的《社会化产业化的体育及体育设施》中就直接提出健身休闲设施在当代有着极为广阔的发展潜力，并对城市和郊区中的健身俱乐部的规划和空间特点给予了建议和提示；结合当时中国的健身产业发展状况，该文章对于健身俱乐部的倡导具有极大的超前性。而 2007 年发表于《城市建筑》的《和谐社会体育应惠及全民》一文则更为明确地从"全民健身"的视角探讨了未来中国体育建筑的"休闲"化发展方向，进一步明确了"休闲型健身活动"将成为未来中国体育运动的主流。在 2010 年发表于《城市建筑》的《体育建筑一甲子》中则从历史的维度回顾了中国体育建筑六十年的发展历程，为本书提供了极为重要的研究资料。

钱锋教授作为国内体育建筑研究领域的代表人物，曾发表大量同体育建筑相关的理论研究成果，如 2013 年发表于《建筑技艺》的《浅谈体育建筑绿色设计的策略应用》、2009 年发表于《新建筑》的《体育建筑形象创新与结构设计》、2016 年发表于《城市建筑》的《体育建筑策划研究》等，从不同的视角对当代体育建筑的诸多侧面进行了理论层面的分析，构建了体育建筑理论研究的基本框架。其中，2015 年发表于《城市建筑》的《上海体育建筑改造的几点思考》一文涉及了历史视角下的体育建筑，同本书研究关注的历史维度下的健身空间具有一定的交叉；而 2008 年发表于《建筑学报》的《国外社区体育设施的发展建设初探》则关注了定位社区的体育设施，同公共健身空间在研究对象上有诸多交叉。此外钱峰教授指导的博士生樊可的博士论文《多元视角下的体育建筑研究》中，就直接归纳了中西方体育建筑的历史发展阶段，为本书研究在历史维度上的线索梳理和案例搜集提供了理论支持。

此外，杨嘉丽 2010 年发表于《山西建筑》的《体育建筑的特性和功能及内涵》和 2016 年发表于《城市建筑》的《补齐短板，提升质量——论如何推动体育设施建设》、孙一民教授等 2009 年发表于《南方建筑》的《公共体育场馆的建设标准刍议》、梅季魁教授 2004 年发表于《建筑技术及设计》的《中国体育建筑发展特点概说》和 2007 年发表于《城市建筑》的《体育场馆建设刍议》、张昊等 2006 年发表于《中国标准化》的《体育设施标准化战略研究》以及周治良 1983 年发表于《世界建筑》的《国外体育建筑之启示》等均从不同侧面探讨了包含公共健身空间在内的体育建筑的发展现状及特点，对本书研究，尤其是在对中国公共健身空间的探讨中，提供了丰富的视角和理论支持。

总的来说，建筑学领域关于体育建筑的大量成熟的理论研究为本书针对中国公共健身空间的探讨提供了极为重要的背景理论支持。

四、研究意义

学术意义：拓展研究视角

本书探讨的西方公共健身空间类型及其对中国的影响具有极为重要的学术意义。从体育历史专业的角度来看，从整体历史纬度梳理公共健身文化的发展具有极为重要的理论价值，是所有基于历史的当代健身文化的研究基础。本书探讨的公共健身空间的历史发展进程能够搭建西方公共健身文化和健身场所的研究框架，为进一步的细化研究提供理论支持；而对于中国公共健身文化的归纳和对中西方健身文化互动的研究也可以进一步提升当代对于中国健身文化研究的深度。

从建筑学专业来看，对于公共健身空间类型和特点的研究能够为当代的健身房设计探索提供理论基础。而对于健身运动场馆——健身房的研究，能够拓展现有建筑学中体育场馆研究的视角，并从历史的纬度为未来的健身房空间研究提供理论支持。

实际意义：推广全民健身

本书所进行的公共健身空间类型的理论研究在城市发展建设中具有极为重要的意义。《全民健身计划纲要》自1995年就已经颁布，健身运动作为达到全民健身的重要途径 ❶，为城市空间的建设提出了更为多元的健身场所的空间需求。《全民健身计划（2016—2020年）》更是专门提出了"统筹建设全民健身场地设施"的指导要求。因此，本书梳理的西方公共健身空间的历史演进能够为当代中国的公共健身空间建设实践提供理论基础，为建设具有时代特色的健身房空间提供实践思路。与此同时，本书对于中国公共健身房发展的研究则能够为当代健身房的实践提供传统健身文化的视角，进而推动中国特色的公共健身空间的研究与实践。

社会意义：普及健身文化

本书对于公共健身空间类型及其在当代中国"全民健身"中扮演的重要角色的研究具有极为重要的社会意义。健身运动是一项面向普通大众的体育运动方式，并在"全民健身"政策的推动下扮演着愈加重要的社会地位。本书对于健身空间的类型梳理以及对当代中国健身空间状况的探讨能够为健身文化的普及提供理论依据，推动社会健身文化研究乃至健身产业的发展，助力社会整体健身氛围的营造，进而提升大众的公共健身意识和兴趣。

五、研究框架

本书的研究主要分为三部分，分别对应传统的"提出问题、分析问题、解决问题"的研究逻辑步骤^{（图1-14）}。

❶ 国务院. 全民健身计划（2016-2020）[S]. 国务院国发〔2016〕37号，2016.

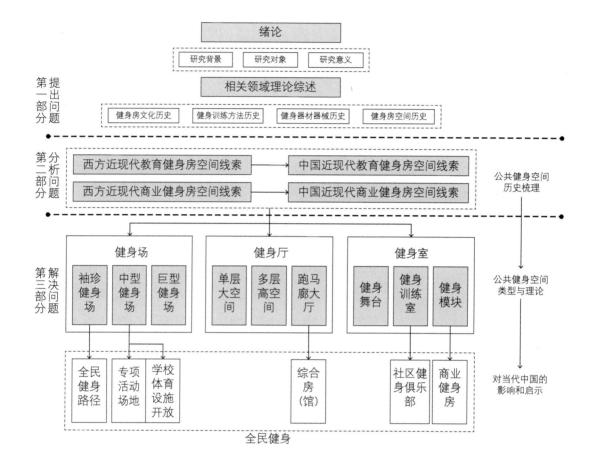

图 1-14 研究框架
资料来源：笔者自绘

　　第一部分为"提出问题"，引出公共健身文化和健身空间的概念，并阐述和定义这一体育学和建筑学交叉领域研究的边界和方法。

　　这一部分的研究内容主要以"健身运动"、"健身文化"和"建筑学"的交叉视角展开。通过对其背后庞杂的学科和理论研究进行综述和梳理，该部分明确了"公共健身空间"的概念，并通过多学科的文献整理，提炼研究对象的范围和历史发展线索，为之后的深入研究奠定基础。

　　第二部分为"分析问题"，在第一部分的基础上，对西方近现代公共健身空间进行全面的梳理，呈现西方近现代公共健身空间的发展线索及其影响下的中国近现代公共健身空间发展。

该部分的研究关注公共健身空间，以健身运动和文化的历史发展为线索，以建筑学的空间视角，分别对西方近现代"教育"健身空间和"商业"健身空间的发展线索进行梳理和归纳，探讨公共健身空间同健身运动、健身文化等的关联。在此基础上，将研究视角转向中国，梳理"教育"和"商业"健身空间发展线索在中国引入和发展。通过上述历史维度的梳理，研究提出"健身场"、"健身厅"和"健身室"三种公共健身空间类型。

第三部分为"解决问题"，是本书研究的主体。以第二部分最终提出的三种空间类型为主线，该部分通过进一步的空间分类和历史案例研究，归纳不同类型的公共健身空间特点，并探讨各个类型的公共健身空间对当代中国的启示。

该部分的研究以第二部分的历史梳理为基础，以建筑学的空间视角，对西方及其影响下的中国近现代公共健身空间呈现出的"健身场"、"健身厅"以及"健身室"三种不同的公共健身空间类型进行分析，探讨各类型健身空间的形成、空间形态和空间特点。在此基础上，以北京为例，梳理当代中国城市中的三种健身空间类型所对应的城市公共健身功能，进而探讨其在以"全民健身"为导向的中国公共健身空间体系中的定位。

第二章

西方近现代公共健身空间演进
及其对中国的影响

以建筑学空间为视角，梳理西方近现代公共健身空间及其影响下的中国近现代公共健身空间的演进脉络是本书的研究基础。通过大量的资料搜集，借鉴现有体育历史专业的研究成果，本书将西方近现代公共健身空间演进梳理为"教育"公共健身空间和"商业"公共健身空间两条发展线索。前者为以教育为外在形式的社会和校园公共健身空间，后者则是以肌肉和力量为内核的商业健身房等大众健身场所。而在对于中国影响的探讨，本书基于上述两条发展线索，以中文现有的历史研究成果，分别论述了西方的"教育"和"商业"健身房在引入中国之后的演进历程。

在上述西方近现代公共健身空间演进及其对中国影响的梳理基础上，本章以建筑学的空间视角，对西方近现代及其影响下的中国近现代公共健身空间进行分类，提出了"健身场"、"健身厅"以及"健身室"等三类公共健身空间类型。

一、西方近现代教育健身空间演进

如第一章所说，公共健身空间（Gymnasium）一词源于古希腊。在古希腊，健身房不仅被认为是"第二个市场"，更被认为是检验一个城市品质的重要指标 ❶ (图2-1)。古希腊哲学家和历史学家迪奥（Dio Chrys，40—115）认为，古希腊城市中最具代表的特色就是"市场、剧院、健身房和柱廊"❷。罗马作家普鲁塔克（Plutarch）也曾提出，如果想要找到一个"没有城墙，没有文化，没有国王，没有房屋，没有钱，没有剧院和健身房"的城市，虽然存在可能性但也是极其困难的 ❸。然而随着古罗马对于古希腊健身文化的全盘

❶ Skaltsa S. Gymnasium, Classical and Hellenistic times [J]. The Encyclopedia of Ancient History, 2012.

❷ 原文为 Do you imagine there is any advantage in market or theatre or gymnasia or colonnade or wealth for men who are at variance? (Dio Chrys. The Forty-eighth Discourse: A Political Address in Assembly [EB/OL]. [2016-05-20]. http://penelope.uchicago.edu/Thayer/E/Roman/Texts/Dio_Chrysostom/Discourses/)

❸ 原文为 it is possible, but presumably only with difficulty, to find cities "without walls, without culture, without kings, without houses, without money, without theaters and gymnasia", but nowhere a city without religion. (Forbes C A, 1945: 32)

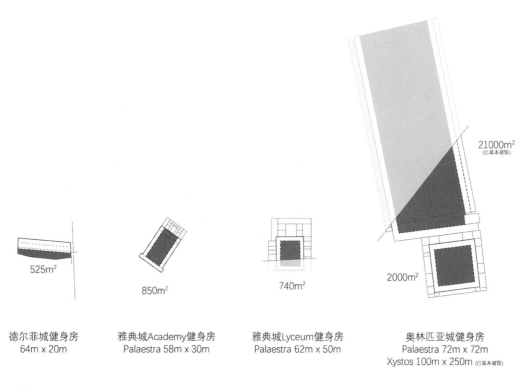

21000m²
(已基本被毁)

2000m²

525m²

850m²

740m²

德尔菲城健身房
64m x 20m

雅典城Academy健身房
Palaestra 58m x 30m

雅典城Lyceum健身房
Palaestra 62m x 50m

奥林匹亚城健身房
Palaestra 72m x 72m
Xystos 100m x 250m (已基本被毁)

50m

图 2-1 古希腊具有代表性的城市大型公共健身房
资料来源：笔者自绘

图 2-2 《De Arte Gymnastica》中记载的古希腊健身房内部训练的场景（训练场景依次为洗浴、球类活动、择跤、跑步和攀爬）
资料来源：Mercvrialis H, 1672.

否定❶以及中世纪对于所有体育运动的禁锢，健身运动的传统和公共健身空间失传一个多世纪。即便是文艺复兴后期，以医学视角写作的《De Arte Gymnastica》（图2-2）也并没有带来健身运动和健身文化的复兴。宗教改革虽然一定程度上动摇了教会对于教育的统治，但依然延续了基督教对于体育以及健身运动的偏见。启蒙运动时期，科学的理念逐步普及，面向大众的以身体教育为形式的健身运动开始复苏。而公共健身空间，以教育健身房（场）的形式，重新在城市中出现。本节将从教育健身文化的产生、以Turnplatz为代表的室外健身空间、健身空间"室内化"以及形成以青年会式标准健身房为代表的模式化室内健身空间等阶段展开论述。

1. 公共健身文化的孕育和空间的萌芽

身体教育的萌芽可以最早追溯至新教改革。在马丁·路德（Martin Luther，1483—1546）的领导下，欧洲青少年教育由教堂的统治下逐步解放，教学内容也从大量的教义学习向更为开放的方式发展；教育机构获得了更多的自由度❷。在此背景下，1538年，德国教育家Johann Sturm（1507—1589）在德国城市斯特拉斯堡（Strasbourg）建立了古希腊之后第一个以gymnasium为名的机构——Gymnase Protestant de Strasbourg。虽然该机构并不是古希腊语境中进行健身训练的公共教育机构，但其培养计划中大胆的纳入了希腊语的学习，力求为未来培养古希腊体育文化的研究人才。Sturm认为，当时时代体育运动是非常"危险"的，然而也许在未来，随着新的社会规则的制定，新的体育运动和游戏的出现，需要一些熟知相关知识的人员来制定规则和甄别哪些体育运动更为适合❸。该"Gymnase"造成了长达3世纪的深远的影响，

❶ 不同于古希腊人在精神层面对于"崇高"和"竞技"的追求（从奥运会的举办就不难看出），古罗马人则更为"实际和具体"（Mechikoff R A, 2008: 85），追求物质世界的享受，追求眼前的"快乐"（斯通普夫，菲泽（美），丁三东等译，2004: 147–148）。同时，古希腊健身运动本身也受到了古罗马人的全盘否定，被认为"给社会培养了大量懒惰而游手好闲的人，浪费了时间……毁掉了青年人的身体。"（Rose H J, 1924: 137–138）。因此，古希腊的健身文化在古罗马时期已经失传。尽管如此，传统的古希腊健身房的空间模式却依然由古罗马的浴场所传承，健身区也在大量的古罗马浴场中得以保留。

❷ 虽然新教改革是健身教育的萌芽，但新教改革本身对于健身运动依然是持否定态度的。马丁·路德认为少年应当每天在学校花1~2小时学习阅读，而不是"花费10倍的时间玩弩弓、玩球、跑步以及翻跟头"。（boys and girls should spend an hour or two a day in school learning how to read, rather than "spend tenfold as much time in shooting crossbows, playing ball, running, and tumbling about."）（Mechikoff R A, 2008: 138）；另一位新教改革的先驱John Calvin认为体能的训练和运动是会让人进地狱的（Mechikoff R A, 2008: 139）。

❸ Spitz L W, Tinsley B S. Johann Sturm on Education the Reformation and Humanist Learning [J]. St Louis: Mo, 1995: 62, 248.

为之后健身文化的复兴提供了大量的研究人才 **❶**。

　　将健身运动纳入公共教育的想法早在文艺复兴时期就已经被提出。法国评论家蒙田（Michel de Montaigne，1533—1592）认为，仅仅加强一个人的灵魂是不够的，必须要同时让他的肌肉健壮。教育不应只是教育他的思想或者只是身体，我们不应该把一个人分成两部分 **❷**。在他的基础上，启蒙运动时期的教育家约翰·洛克（John Locke，1632—1704）在著作《教育漫谈》（1693）中强调了嬉戏玩耍、舞蹈、击剑、骑行以及拳击对于教育的重要意义；法国教育家让-雅克·卢梭（Jean-Jacques Rousseau，1712—1778）在著作《爱弥儿：论教育》（1762）中也强调了玩耍和现实生活中的体验对于儿童教育的重要性。这些欧洲当时重要教育家为之后的身体教育实践奠定了牢固的思想基础，极大地推动了教育健身运动的发展。

　　基于卢梭的教学理念 **❸**，德国约翰·哈德·巴塞多（Johann Bernhard Basedow，1723—1790）于1774年建立了"博爱学校（Philanthropinum）"，大力宣扬身体教育 。他认为，孩子在教育中不应当被作为"大人"对待，而应该以一个"孩子"的身份受到特别的教育：以自己的方式更自由地探索自然。在博爱学校的教育中，只有一半的教学时间用于知识教育，另一半的时间都用于身体的活动，包括3小时的娱乐时间用于骑马、跳舞等，2小时的劳动时间用于木工等。在夏季，他们还会住在帐篷中并进行钓鱼、狩猎、划船等户外活动。在身体训练体系层面，博爱学校还引入了"希腊式健身法"和"骑士训练法" **❹**。学校鼎盛时期共有学生53人。作为针对青少年的健身教育的第一次实践，博爱学校虽然最终于1793年因为资金而关闭，但其很多的理念都产生了极其

❶ Graves F P. A history of education during the middle ages and the transition to modern times [M]. Macmillan, 1914: 158-161.

❷ 原文为 It is not enough to fortify his soul; you must also make his muscles strong……It is not the mind, it is not the body we are training; it is the man and we must not divide him into two parts. (Mechikoff R A, 2008: 156)

❸ 卢梭的《爱弥儿：论教育》一书在德国的受欢迎程度高于法国。这也是法国教育家卢梭的教育理论得以在德国落实的原因。

❹ Gerber E W. "The Philanthropinum", Innovators and institutions in physical education [M]. Philadelphia: Lea & Febiger, 1971: 83-86.

深远的影响。

　　博爱学校的成功以及巴塞多基于前者实践的总结而形成的《初级读本》（Elementarwerk，1774）的出版拉开了欧洲各个国家的青少年教育机构引入身体教育的序幕，其中包括位于德国的 Schnepfenthal Educational Institute。该学校的第一任体能教师 Christian Andre 引入了博爱学校的青少年健身教育体系，奠定了学校身体教育的基调和方向。而作为第二任体能教师，约翰·古兹姆兹在他的 50 年教学中，记录并不断完善这套教育体系，并最终整理成了大量青少年健身教育的经典著作，如《青年体操》（Gymnastik für die Jugend，1793）、《Manual on the Art of Swimming》（1798）、《Gymnastics for Sons of the Fatherland》（1817）、《Catechism of Gymnastics, a Manual for Teachers and pupils》（1818） 等。其中《青年体操》❶最具代表。该书归纳了 11 种身体训练的项目和详细训练方法，包括跑步、跳跃、攀爬等，是最早的系统归纳青少年健身运动方式的理论书籍，奠定了近现代乃至当代教育健身体系的基本框架。在古兹姆茨的带动下，青少年健身体系日趋成熟，越来越多的教学机构、大学开始加入健身课程；而上述的教育实践和成果著作更是成为之后教育健身的重要参考❷。

2. 西方近现代公共健身空间的历史开端

　　西方公共健身空间开端于 19 世纪初德国的 Turnplatz 和法国 Gymnase Normal。作为西方近现代公共健身空间演进的最初阶段，他们都采用了完全室外的空间形态。

　　18 世纪末的欧洲战争频发。18 世纪末普鲁士帝国由盛转衰，自 1795 年开始受到拿破仑（1769—1821）领导下法国的

❶ 该书与 1800 年出版英文版，名为《Gymnastics for Youth》.

❷ Mechikoff R A. A History and Philosophy of Sport and Physical Education［M］. fifth ed., NY: McGraw-Hill, 2008: 162-163.

侵犯；普鲁士最终于 1806 年决议同俄国、瑞典、英国组成了第四次反法同盟。然而同年 10 月 14 日，在耶拿－奥尔施泰特（Auerstedt）普鲁士军队被法国的莱茵邦联全歼，被迫于次年在 Tilsit 签订和约，割让了普鲁士拥有土地的 49%，775 万人口中的 525 万；而普鲁士 1806—1808 年的所有收入全部被法国掠作军事耗费和赔款；普鲁士进入了历史最黑暗的时期 ❶。国家的危亡激发了德国日耳曼民族的爱国情绪，社会中自发出现了"振兴普鲁士的民族运动（German League）"，团结当时破碎的普鲁士。经过 7 年的重建，普鲁士最终于 1813 年发起了 War of Liberation（解放战争）。正是在这一时期，以古兹姆茨的健身教育为理论蓝本，伴随着 Turnen 训练法的提出，德国 Turnplatz 形成。

Friedrich Ludwig Jahn（1778—1852）是一位柏林的体能教师，从事古兹姆茨健身体系的青少年健身教育。1809 年他来到柏林，加入了振兴普鲁士的民族运动，并同时在 Grauen Kloster Gymnasium 中教授体育 ❷。同巴塞多和古兹姆茨以青少年身体健身为出发点不同，Jahn 希望通过健身教育提高青年（而非青少年）的身体素质，以更好地为"振兴普鲁士"的事业贡献力量，因此，其终极的目标实为战争 ❸。1811 年，室外的健身训练场 Hasenheide Turnplatz ❹ 在 Jahn 的主持下在 Hasenheide 公园正式开放，标志着自古希腊之后，公共健身空间在城市中的重现（图 2-3），也同时标志着西方近现代公共健身空间历史的开始。

倚靠"民族振兴"的大背景，Turnen 体系及其专门的健身场地 Turnplatz 受到了极大的欢迎，在 1813 年开始的德国解放战争中，参与过 Turnen 健身训练的青年人共计 15000 名 ❺。更多不同规模的 Turnplatz 也在这一时期的德国出现。

图 2-3　1811 Hasenheide Turnplatz 的训练场景

资料来源：http://www.alamy.com/stockphotosportgymnasticssportsfieldathasenheideberlin1811woodengraving28087044.html

❶ 威尔·杜兰（美）. 世界文明史［M］. 第十一卷. 北京：东方出版社，1999：613-614.

❷ Mechikoff R A. A History and Philosophy of Sport and Physical Education［M］. fifth ed., NY: McGraw-Hill, 2008: 181-182.

❸ Goodbody J. The illustrated history of gymnastics［M］. Beaufort Books, 1982.

❹ Turnen 和 tumplatz 源自德语的 gymnasium，分别指德国式的健身法以及健身训练场，采用传统的德语词汇一方面是出自 Jahn 力求唤起更多的民族认同感的考虑，另一方面也是因为在德国 gymnasium 已经被用于指代上文提到的 16 世纪的 Gymnase Protestant de Strasbourg 以及之后同类型传承下来的中学。

❺ East W B. A Historical Review and Analysis of Army Physical Readiness Training and Assessment［R］. ARMY COMMAND AND GENERAL STAFF COLLEGE FORT LEAVENWORTH KS COMBAT STUDIES INST, 2013: 7-8.

图 2-4 Ling's 训练法的部分训练图解
资料来源: Ling P H, 1836: Talbe 1-3.

❶ Ling 的健身体系有着极为重要的历史意义。当代健身和体育运动之前的很多热身运动事实上都是源自于 Ling 的徒手训练体系（Chaline E, 2015: 94-95）。然而，从空间角度，由于 Ling 的体系更加倾向于徒手的练习，对于器械的使用较少，这也就意味着 Ling 的体能训练体系对于空间的需求很少，不需要像 Turnen 模式一样需要 Turnplatz 配套才能完成。这极大地增加了其可传播性的同时，也致使并没有与之相应的专门的健身空间的出现。

❷ Durivier J A A, Jauffret L F. La gymnastique de la jeunesse ou Traité élémentaire des jeux d'exercice, considérés sous le rapport de leur utilité physique et morale [M]. 1803: 35.

❸ Le Cœur M. Couvert, découvert, redécouvert... L'invention du gymnase scolaire en France (1818-1872) [J]. Histoire de l'éducation, 2004: 109-135.

1816 年，Jahn 在大量 Turnplatz 案例建造和运营的基础上，出版《德式体操》，进一步对 Turnen 训练体系以及 Turnplatz 的建造、管理给出指导。专著的出版和发行进一步扩大了 Turnen 和 Turnplatz 健身训练场在欧洲各国的影响，推动了各国在 Turnen 基础上研发本土化的健身训练方式和训练空间；其中具有代表性的是瑞典的 Per Henrik Ling（1776—1839）提出的"徒手训练操"（图2-4）❶。

同时期的法国，也出现极为有意义的公共健身空间尝试。然而同德国 Turnplatz 的产生背景完全不同的是，法国本土在 19 世纪初一直处于社会稳定的状态。因此，法国的公共健身空间探索完全以卢梭（Rousseau）的教育理念为核心，极为明确的表现在以青少年的教育为目标，并由政府主导和推动，同 Turnplatz 的"战争储备"思路截然不同。针对 19 世纪初法国青少年教育中，依然采用娱乐的游戏作为健身训练方式的状况，1803—1808 年，"建立法国自己的健身教育体系并开设专业的课程"的想法被首次提出❷，然而政府并没有给予回应。

19 世纪 20 年代初，法国建筑师 Martin Pierre Gauthier 在其诸多校园设计中，完全照搬了古希腊柱廊庭院式的健身房空间模式和训练模式❸。然而这种古希腊式的室外训练模式同法国本身的气候并不适合，基于这种模式的校园身体教育空间模式尝试也以失败告终。1817 年，法国教育家 Bally 博士提出要在 Louviers 岛上建一个大型的包含健身教育的独立教学机构，但最终并没有得以实施 ❶。

　　法国健身文化先驱 Amorós（全名为 Don Francisco Amorós y Ondeano, Marquis of Sotelo，1770—1848）早年受到了瑞士教育先驱 Johann Heinrich Pestalozzi（1746—1827）❷ 以儿童为核心的身体教育体系的深刻影响。1817 年，他在巴黎荣军院（Invalides）旁的一个教学机构中开设了一个健身课程；1818 年 1 月，他在 Institution Durdan 开设了第一个公共健身房以及法国第一个公共健身教育课 ❸。这些实践和探索造成了极大的社会影响，当时的教育学家 Basset 提出，Amorós 的校园健身房应当出现在每一个法国的学校中 ❹。

　　为了进一步发展青少年的健身教育，推动建设更多的健身设施场所，Amorós 以 Institution Durdan 为蓝本，向政府提出了一个极为激进的公共健身空间提案：Gymnase Normal。该方案希望在巴黎建造一个"国家级"的大型公共健身训练基地，进而为全法国的中小学提供专业和均衡的健身教育服务。这一设计受到了政府的支持，但由于其规模过大，限于造价，Gymnase Normal 的设想最终在规模上缩小至 1/3，于 1820 年完全对大众开放。然而，这种理想化的"集中式"粗暴的规划逻辑使得最终 Gymnase Normal 入不敷出，于 1837 年最终关闭。

　　虽然 Gymnase Normal 的"集中式"健身空间探索以失败告终，但是由 Amorós 提出并通过 Gymnase Normal 推广的教育健身训练法却得到了极大的传播，成为法国 19 世纪最具影响力的教育健身体系。

❶ Clias P H. Gymnastique élémentaire ou cours analytique et gradué d'exercices propres à développer et à fortifier l'organisation humaine [M]. L. Colas, 1819: 28.

❷ Johann Heinrich Pestalozzi 是一位比 Jahn 时代略早的教育家。他极大的传承了 Rousseau 的教育理念，并归纳出教育的 3 个层面：知识教育（intellectual education）、道德教育（moral education）和实践教育（practical education）。在体能教育方面，他认为男性应当通过体力劳动进行体能的训练，除此以外他也推崇通过健身（gymnastics）和游戏等方式。由于他在教育领域的贡献远胜过他对于体能教育层面，同时他对于体能体系研究贡献有限，因此本文前文没有对这位教育家进行详细介绍。

❸ Le Cœur M. Couvert, découvert, redécouvert... L'invention du gymnase scolaire en France (1818—1872) [J]. Histoire de l'éducation, 2004: 109–135.

❹ Amorós F. Gymnase normal, militaire et civil, idée et état de cette institution au commencement de l'année 1821 [M]. Paris: P.N.ROUGERON, 1821: 62.

❶ 第一批逃亡美国的 turnen 组织领导人物包括 Jahn 的追随者 Karl Beck, Karl Follen 和 Franz Lieber；他们成为第一批将 turnen 引入美国的代表人物。Karl Beck 成为一个私人教学机构的医疗运动老师，并将 turnen 融入其教学中；1828 年，他在美国出版翻译了 Jahn 的著作《德式体操》的英文版《A Treatise on Gymnasticks》。Karl Follen 受邀在哈佛教课并在校园开设了美国第一个经典的 turnplatz，Franz Lieber 也参与到了其运营中；耶鲁、阿姆赫斯特学院（Amherst College）以及布朗学院（Brown College）也参照开辟了 turnplatz。然而，这次的 turnen 风潮只限于校园中，持续时间并不长，影响极其有限。这其中的核心原因在于 turnen 运动在美国文化氛围中的水土不服；Turnen 运动在当时看来缺少一个形而上的目标，它既没有对抗，又不创造纪录；在当时英式竞技运动的年代，Turnen 相比足球等竞技体育项目，自然很快失去了吸引力。

3. 西方公共健身空间 "室内化"

随着 Turnen 健身体系的火爆和 Turnplatz 的大量建设，德国开始出现提供健身场所和健身指导的 Turnen 俱乐部。由于室外的训练场受到气候等客观因素的影响极大，Turnplatz 室外的空间模式为 Turnen 健身运动的组织带来了极大的影响，将其压缩至室内的空间尝试开始出现。19 世纪中叶，以校园和大量健身俱乐部为基地，大量室内化的独立 Turnen 健身房——Turnhalle 开始出现^{（图2-5）}。这标志着西方近现代公共健身空间开始由室外为主向室内为主的空间模式转换。

19 世纪 20 年代，随着德国本土对于 Turnen 的取缔，Turnen 大量领导人物流亡美国，将这种德式的健身训练法首次引入美国，然而影响极为有限❶。1848 年，随着欧洲大革命的失败，Turnen 的大量革新派再一次被迫逃亡美国，形成德国社区，Turnen 健身房和室内的 Turnhalle 作为德国文化最为鲜明的符号和代表，受到了极大的追捧；社区中的 Turnhalle 自然成为德国社区的活动中心。这也标志着以 Turnen 健身教育体系为内核的室内健身空间首次在美国出现。

图 2-5　汉堡 Turnhalle 室内场景
资料来源：http://www.vtf-hamburg.de/de/news/2016/200-jahre-lebendige-turnbewegung/200-jahre-turnkunst.html

Turnhalle 空间模式伴随着美国 Turnverein 俱乐部在德国社区的壮大并逐步向非德社区的渗透而快速传播，改变了美国在 19 世纪初被英国竞技体育所垄断的体育运动市场❶，成为美国 19 世纪中后叶最为重要的全民公共健身空间模式。这一模式也成为社会其他团体组织借鉴和模仿的对象，其中最为重要的集大成者就是美国的基督教青年会（YMCA）。

同时期，在法国以校园为背景的公共健身空间的演进也逐步开始了室内化的进程。Gymnase Normal 的失败虽然降低了政府对于校园健身体系和空间探索的关注，但为法国的健身教育奠定了极为坚实的理论和实践基础。社会中的教育机构借鉴 Gymnase Normal 的空间模式和 Amorós 的训练体系，自发地进行针对青少年的校园健身的空间探索；至 19 世纪中叶，社会中已经出现了诸多室内校园健身房的案例。1853 年 11 月 7 日，法国教育学家 Hippolyte Fortoul（1811—1856）向当时政府提交了关于教育改革的提案，其中针对青少年的健身教育正是提案的一大重点。Fortoul 提出中小学的健身教育课程应当遵循强制、免费、规律和标准 4 大原则❷；而在空间层面，他试图在已有的自发的校园健身空间探索的基础上给予一定的归纳和统一，进而满足"标准"的原则。

Fortoul 提出，由于针对青少年的健身教育要在法国所有地区的学校施行，考虑到不同地区的气候、雨水都不同，为了减少雨雪天气给身体教育带来的影响，校园身体教育空间应当是"室内❸"的❹。此外，Fortoul 并没有对校园健身房的尺寸、外形给予建议，但提出，校园健身房规模上应当可以容纳至少 50 名学生进行健身训练❹。

❶ Chaline E. The temple of perfection: A history of the gym［M］. Reaktion Books, 2015: 91.

❷ "强制"指健身课程应当是强制的必修课程；"免费"指健身课程应当是免费的，否则会因为成本造成较高的门槛；"规律"指每周四设置课程；"标准"则指所有学校的体能教育课程必须一致。

❸ 原文为 gymnases couverts，即 coverd gymnasium，强调有遮蔽的，并非狭义的室内概念。

❹ Le Cœur M. Couvert, découvert, redécouvert... L'invention du gymnase scolaire en France (1818–1872)［J］. Histoire de l'éducation, 2004: 109–135.

该提案受到了政府相关部门的重视。1854 年 3 月 13 日，当地政府规定针对青少年的健身教育成为各个中小学教育的一部分，并且特别强调了"室内"。这标志着由政府主导下的法国校园健身房空间模式探索正式拉开序幕。同时，也标志着在自上而下的推动下，法国公共健身空间全面进入了室内化时期。

经过将近 20 年的室内健身房模式的探索，1868 年在全法国 82 个学校中，67 个（81.7%）有相关身体训练的设备，42 个（51.2%）拥有室内的健身房。相比 1854 年全法国仅有 10 个（15.6%）校园健身房的状况，校园健身空间的室内化发展呈现了极为良好的趋势 ❶。1878 年，法国政府进一步明确，所有学校必须配备"室内"的健身训练用健身房，这也标志着法国校园健身空间室内化的全面普及。

对比德国和法国以教育为背景的公共健身空间的室内化进程，不难发现，德国是自下而上的发展模式，而法国则是极为鲜明的在政府主导下的自上而下的政策改革。前者更为快速，而后者更为扎实；前者试图通过自主进行的空间探索归纳形成模式，而后者则力求由理论得出标准模式，再进行推广。他们在 19 世纪中叶以完全不同的方式和角度，完成了西方的公共健身空间的全面"室内化"进程，为西方公共教育健身房的进一步模式化以及商业健身房分支的出现奠定了坚实的空间和理论基础。

4. 西方教育健身房的"模式化"

基督教青年会，即 Young Men's Christian Association（YMCA），1844 年建立于英国，旨在在青年中普及神学教育，并力求通过沙龙等方式来提升青年人整体的精神境界。

❶ Le Cœur M. Couvert, découvert, redécouvert... L'invention du gymnase scolaire en France (1818–1872) [J]. Histoire de l'éducation, 2004: 109–135.

伴随着 1851 年伦敦世博会的召开，基督教青年会随着教会的扩张很快在全球传播。基督教青年会在形式上类似独立的教学机构，主要面向社会中的青年人，包括青少年到中产阶级青年。在美国，基督教青年会的成立以 1854 年的波士顿 YMCA 的建立为标志，并很快传播到纽约、费城等大城市。

在 19 世纪 50 年代建立初期，青年会主要以沙龙和周日学校（Sunday School）为主，内部功能主要包括阅览室、图书馆等，除此以外，还包括了一些青年人中受欢迎的娱乐活动，因此非常类似一个由教会主持的面向青年的"休闲俱乐部 + 教学机构"。1857 年，布鲁克林 YMCA 首次提出了要在传统青年会标准会所中加入健身房、保龄球场等休闲健身运动的专用教室，并将这一想法提交给了美国青年会总部。然而最终这一提议受到否决，并被认为"这些消耗时间的游戏被认为是商务作息习惯的敌人"●。参照中世纪时期，基督教对于健身乃至体育运动的摈弃，就不难理解这一否决的缘由。

随着美国内战（1861—1865）爆发，1864 年美国青年会的使命转变为"培养青年人的工作能力并进一步挖掘每个青年人的潜力"❷。为了进一步提高美国青年会的社会影响力，青年会还针对不同的社区开设针对性的相应活动项目，其中就包括在美国已大量存在的德国社区。正是这一契机，德国社区早已盛行的 Turnhalle 空间模式为美国青年会所借鉴。

事实上，无论是运动本身，还是"原罪（sinful）"的身体，乃至专门用于运动的健身空间，这些都是当时美国青年会领导者所不齿的。即便如此，美国青年会依然在会所中设立健身房，是希望用"运动"、"健身"来吸引更多的青年人，以增加青年会本身的影响力，进而推动其他更为"受尊敬"

❶ Lupkin P. Manhood Factories: YMCA Architecture and the Making of Modern Urban Culture［M］. U of Minnesota Press, 2010: 24.

❷ 原文为 develop the working power and increase the capacity for usefulness of every young man（YMCA. 1866）

的教育项目的发展 ❶。正是这样的因素，美国青年会并没有自行探索一种公共健身空间的"欲望"，而是直接借鉴当时纽约的 Turnhalle 的空间模式。与此同时，Turnhalle 虽然以健身房空间为主，但作为德国社区的生活中心，其内也会包括图书馆、阅览室、有舞台的大厅、教室甚至餐厅等设施；这样的配置事实上同当时青年会会所已有功能是极其类似的。综上，1869 年的纽约青年会会所在地下室设置健身房，标志着美国青年会对于以 Turnhalle 为蓝本的教育健身体系和健身空间引入的开始。

以纽约青年会为蓝本，美国青年会开始了"Call to Build"的会所扩张。然而，19 世纪末，由于盲目照搬纽约青年会的功能模式，导致会所中大型的演讲厅、音乐厅等大空间的使用效率极低；与此同时，会所中的健身房却极为火爆。考虑到运营成本，"讲演厅改造为健身房"成为 19 世纪末的青年会功能和空间的重要转变。在 1893 年芝加哥新的青年会会所摩天楼设计中，设计师在诸多专家和投资人的意见下，直接将演讲用的大厅改为了"音乐厅"，座位由 4500 座缩小为 1400 座，腾出的建筑空间全部用于健身运动使用 ❷。"讲演厅改造为健身房"带来了美国青年会会所健身房数量的显著提升。斯普林菲尔德学院的学生 Frederick Bugbee 记载，1876 年，只有 2 个青年会会所配备了健身房；1886 年这个数字增长为 101；1896 年，496 个会所配备健身房；而到了 1900 年，全美国共有 570 个青年会会所配备了健身房 ❸。

伴随着数量的提升，青年会会所中健身空间也逐步开始"模式化"：青年会式标准健身房成型。这种室内健身房空间模式脱胎于 Turnhalle 的室内健身房，并成功地将多种健身训练方式融入一个统一的室内空间中。这一"标准健身

❶ Lupkin P. Manhood Factories: YMCA Architecture and the Making of Modern Urban Culture ［M］. U of Minnesota Press, 2010: 23.

❷ Lupkin P. Manhood Factories: YMCA Architecture and the Making of Modern Urban Culture ［M］. U of Minnesota Press, 2010: 116.

❸ Beckwith K A. Building Strength: Alan Calvert, the Milo Bar-bell Company, and the Modernization of American Weight Training ［D］. Austin: The University of Texas at Austin, 2006: 65.

图 2-6 明尼阿波利斯基督教青年会健身房（1900）

资料来源：https://umedia.lib.umn.edu/node/66498

房"模式在 19 世纪末至 20 世纪初被美国各地的青年会会所"复制"，成为 20 世纪初美国最为主流的公共健身空间模式[图2-6]。而这一"青年会式标准健身房"也正是当代小型体育馆的空间前身；这也正是当代小型体育馆在英语语境中被称为"gymnasium"的重要原因。

二、西方近现代商业健身空间历史演进

以教育为背景的教育健身房及其内的 Turnen 等训练体系有着明确的健康导向，其目标也是以提升健身训练者身体能力（诸如跑、跳跃、爬等）为主，训练的内容和方式以及训练器械均较为固定。19 世纪后半叶，随着社会中的中产阶级和资本家加入健身运动，健身训练的目的逐步发生转变。在这样的背景下，全新的运营和训练模式的商业健身房开始出现。本节将从力量健身文化的产生、商业健身房的萌芽、

全面发展和 Fitness 文化影响下的转型等阶段展开论述。

1. 负重训练的出现和力量文化的萌芽

负重（Resistance Training）训练方式，指通过使用重物，如石头，或是现代的哑铃、杠铃等，对肌肉进行针对性的训练。负重训练的体系和文化自古埃及和古希腊就已经出现。4000 年前的古埃及，人们就开始通过提重的包来训练；而在古希腊和古罗马的健身房中，人们会通过岩石、大的石头桌子、圆形石头、棒子以及一种类似当代哑铃的有把手的重物进行力量的练习❶。这种训练可以让人强壮，有更好的肌肉形状，同古希腊时期的美学息息相关。然而随着古罗马健身文化的淡化以及中世纪的全面沉寂，负重训练的传统也逐渐被人遗忘。19 世纪初欧洲健身文化的重新复苏由于是以体能"健康"以及教育为线索，并未上升到审美层面，因此古希腊的"力量"文化和负重训练的方法也没有受到太多的重视。

在美国，"力量"文化却由于美国的移民文化而逐步壮大。在美国移民初期的 200 年间，殖民者全力拓展新的生活，在休闲活动方面发展较为缓慢。作为开拓新世界的"勇猛者"（People of Prowess）❷，这些早期的移民在一些休闲时间会通过展示生存能力的形式进行娱乐，如狩猎、钓鱼、拳击等，进而发展出了基于体能和力量的文化和审美体系。至 18 世纪中叶，随着西部开发和移民，一些移民者会在途中的酒吧暂时歇息，而当地的"强壮者"（Strongman）会向他们发起挑战以测试他们的体能，挑战项目包括用手抬起大石头、铁砧、马车，甚至是马或牛；这种以力量来评价身体强壮程度的休闲活动，逐步形成鲜明的"力量"文化，并进而

❶ Todd J. From Milo to Milo: A history of barbells, dumbells, and indian clubs [J]. Iron Game History, 1995, 3(6): 4−16.

❷ Struna N L. People of prowess: Sport, leisure, and labor in early Anglo−America [M]. University of Illinois Press, 1996: 5−6.

成为美国文化的重要组成部分 ❶。19 世纪，虽然力量在城市
生活中已经不再重要，但"力量"文化依然得以传承，人们
依然对于力量和强壮的体魄充满追求，进而对于展示力量和
肌肉的表演充满兴趣；"肌肉力量表演"（图2-7）应运而生，并
逐步发展至世界范围。有记载的最早的"肌肉表演"团队是
18 世纪 50 年代的 Dugees ❶。伴随着"肌肉表演"的逐步成型，
"肌肉表演者"这种以展示自己的强壮的体魄和巨大的力量
进行表演为生的职业也开始出现，他们并非运动员、军人，
参与健身也并非为了健康，而是为了更为单纯的外型美和力
量，用以展示表演，以维系生计。正是因此，负重训练成了
"肌肉表演者"群体最为主要的身体训练方式。

图 2-7 "肌肉表演"
资料来源: http://physicalculturist.ca/
oldtime-strongman-training-methods/

19 世纪的 Turnen 训练体系将教育健身拉到了主流文化
的舞台，然而负重训练并不包含在以健康和体能为目标的
Turnen 及同时代类似的身体训练体系（如 Amorós、Ling 提
出的身体训练法）中，哑铃以及印度棒等负重训练的最重要
器械也并没有出现在当时健身空间中。这使得虽然"肌肉表
演"的形式和"肌肉表演者"群体已基本成熟，但对普通大
众来说，负重训练的方式依然陌生。

2. 商业健身房的出现和负重训练的全面普及

随着 1848 年法国大革命的结束，法国进入了一个相对
稳定的发展时期。人们逐渐愿意为一些娱乐休闲活动等消
费；顺应这样的好的社会氛围，伴随 Amorós 的大力推广和
Gymnase Normal 的巨大影响力，健身运动开始逐渐成为当
时社会中出现的新兴资本家以及中产阶级的生活日常，而非
只是青少年、运动员、军队独占 ❷。然而，当时社会中虽然
有大量以 Gymnase Normal 的 Main Building 为空间蓝本的公

❶ Beckwith K A. Building Strength: Alan
Calvert, the Milo Bar-bell Company, and
the Modernization of American Weight
Training [D]. Austin: The University of
Texas at Austin, 2006: 49-50.

❷ Desbonnet E, Chapman D. Hippolyte Triat
[J]. Iron Game History, 1995, 4(1): 4.

共健身空间，但这些室内健身房的整体空间品质极为"脏乱差"。这些资本家和中场阶级自然不希望在这样的环境中进行健身训练：他们不希望将健身运动同工人阶级的体力劳动相提并论 ❶。因此，社会中对环境更为适宜的全新模式的健身房空间产生了巨大的需求。正是在这样的社会背景下，以"肌肉表演者"群体为先驱，商业健身房开始出现。

伊波利特·特里亚（Hippolyte Triat）就是一名"肌肉表演者"。1840 年，他就在布鲁塞尔开设了自己的健身房；1846 年 ❷，他放弃了自己在布鲁塞尔的事业，前往巴黎，开设了全新的商业健身房 Gymnase Triat。与他在布鲁塞尔的实践以及同时代的诸多独立的健身房不同，巴黎的 Gymnase Triat 是由特里亚完全主持设计的全新的建筑，空间上完全依照由他独创的身体训练体系而特别设计，因此也被普遍地认为是世界上第一座商业健身房实践。也正是在空间层面上，特里亚结合训练体系的精心设计，Gymnase Triat 虽然依然是一个"健身厅"，但却极为宽敞而精致；并结合特里亚舞台表演的经历，通过多层看台的设计，形成了独特的"看台"和"舞台"的空间意象：健身运动不再是单纯的"体力劳动"，而是一种极具美感的"表演"。而在体系上，特里亚也一改传统的攀爬主导的 Amorós 健身法，结合负重训练的杠铃（部分研究者认为，杠铃正是由特里亚发明的）、哑铃、印度棒，进行独创的"团体健身操"训练。全新的空间模式和全新的健身方法，完全契合了资本家和中产阶级想要健身但不要"体力劳动"的心态，受到了极大的欢迎。

作为世界上第一个的"商业健身房"，Gymnase Triat 的成功无疑带来了大量追随者的模仿，并共同建立起了巴黎的商业健身产业：经过短短的十几年时间，1860 年，巴黎就

❶ Chaline E. The temple of perfection: A history of the gym［M］. Reaktion Books, 2015: 112.

❷ Le Cœur M. Couvert, découvert, redécouvert... L'invention du gymnase scolaire en France (1818–1872)［J］. Histoire de l'éducation, 2004: 109–135.

已经有 20 家商业健身房，其中包括只面向女性的健身房 ❶
（图 2-8）。这种有别于前人的高"自由度"和高"灵活"的商业
健身房空间和运营模式为之后商业健身会所在 20 世纪初的
全面发展埋下了坚实的基础。

　　Gymnase Triat 的成功带来了全新的公共健身空间模
式——商业健身房和全新的训练方法——负重训练。而哑
铃、杠铃和印度棒等原本专业和小众的健身器械也开始被
普通大众所接受。戴克里先·刘易斯（Diocletian Lewis，
1823—1886）❷ 将这种模式引入了美国，并以特里亚的训练
法为基础，提出了一套基于轻重量的器械配合音乐的健身
训练法。刘易斯体系在 1860 受到了一些教学机构的引进和
欢迎，然而对于整个美国的健身体系市场没有造成太大的
影响。

　　同时代的乔治·巴克·温希普（George Barker Windship，
1834—1876）则更为激进的开创了以"硬拉"为主要方式的
力量训练体系"Health Lift"。由于青年时代在哈佛健身房接
受了 Turnen 体系的身体训练，温希普有着强壮的身材；然
而他发现他与 18 世纪的著名"肌肉表演者"Thomas Topham
（1710—1749）在力量和身材上都存在巨大的差距（图 2-9），他
将这归结于训练体系的差异，即 Turnen 体系并不能让训练
者得到力量和强壮的身材 ❸。自此，他开始尝试通过大重量
的负重训练来增加自己的力量，进而开创了以"硬拉"为主
要方式的力量训练体系"Health Lift"（图 2-10），并喊出了"强
壮就是健康（Strength is Health）" ❹ 的口号。不仅如此，他
还开设了以力量训练为主要方式的运动医疗机构（半医疗半
健身），并基于"Health Lift"理念，发明了专门的硬拉训练
器械，在 19 世纪 70 年代到 80 年代期间引起了极大的影响力，

图 2-8　1863 年杂志《La Vie Parisienne》
上女性在 Gymnase Triat 训练的漫画
资料来源：Desbonnet E et al, 1995: 9.

❶ Andrieu G. La gymnastique au XIXe siècle
ou la naissance de l'éducation physique:
1789-1914 [M]. Ed. Actio, 1999: 44.

❷ 戴克里先·刘易斯的主要研究方向是
运动治疗（movement cure）。

❸ Windship G B. Autobiographical sketches
of a strength seeker [J]. Atlantic
Monthly, 1862, 9(51): 105.

❹ Todd J. "Strength is Health": George
Barker Windship and the First American
Weight Training Boom [J]. Iron game
history, 1993, 3(1): 3-14.

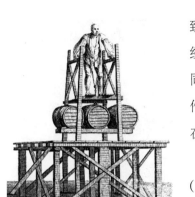

图 2-9 18 世纪 Thomas Topham 的力量展示

资 料 来 源：http://catalogue.wellcome library.org/record=b1164905

POSITION—WEIGHT AT REST.　　POSITION—WEIGHT RAISED.

图 2-10 温希普发明的 Health Lift 器械

资料来源：Todd J, 1993: 8.

❶ Beckwith K A. Building Strength: Alan Calvert, the Milo Bar-bell Company, and the Modernization of American Weight Training [D]. Austin: The University of Texas at Austin, 2006: 63.

致使社会中也出现了诸多同样基于"硬拉"的运动训练器械。经过温希普的努力，负重的训练方式逐步为大众所接受和认同。然而不幸的是，随着他 42 岁的早逝，他的反对者以此作为"力量训练对身体有害"的证据，使得负重训练的发展在美国受到了一定的影响。

同时期，一些竞技体育的面向大众的体育俱乐部（Athletic Club）开始盛行。这些俱乐部由原先的单个项目的俱乐部逐步扩张为一个体育运动的"综合体"，而负重训练也成为其中的一项。以 1868 年的 NYAC 为例，起初这里只是一个划船俱乐部，但很快田径、拳击、摔跤、马术等运动就加入进来；而在负重训练方面，他们主要是通过硬拉很重的哑铃（1868 年的最高纪录是 3239 磅）来进行训练 ❶。体育俱乐部中硬拉的引入进一步推动了负重训练的发展，扩大了其影响力。这也标志着以"硬拉"为代表的负重训练作为一种健身运动的方式，重新为大众所接受。

顺应负重训练方式的流行，19 世纪末，诸多"肌肉表演者"开始开设自己的小型"健身工作室"。如果说 Gymnase Triat 还依然坚守着 Turnen 团体训练的底线，那么 19 世纪末逐步涌现的由肌肉明星主导的"健身工作室"则完全突破了 Turnen 及类似训练法的束缚，全面普及以杠铃、哑铃以及印度棒为核心器械的负重训练。卸掉了 Turnen 团体训练和大型健身器械的束缚，这些商业健身房空间进一步变小，也变得更为精致。当时最具代表的就是由 Louis Attila 开设的 Athletic Studio 和由 Sandow 开设的 Physical Culture。

而在健身文化层面，值得一提的是，Sandow 以 Physical Culture 为名，在英国创办了第一个以"健美（bodybuilding）"为主题的杂志，并将这一杂志引入美国。同时，他利用当时刚刚出现的摄影术❶，通过影印、分发自己的肌肉健美照片，极大地推广了健身文化和肌肉美的审美。此外，1901 年 9 月 14 日，在 Sandow 的领导下，世界上第一次的肌肉选美比赛 The Great Competition 在伦敦的 Royal Albert Hall 举行（图2-11）。在他的努力下，19 世纪末到 20 世纪初，以肌肉美为导向的"健美（Bodybuilding）"文化开始逐步形成；Sandow 也被誉为"健美运动之父（father of modern bodybuilding）"❷。

在"健美"文化的影响下，越来越多和健身相关的公共活动出现❸，身材健硕的肌肉者也不再只能通过"肌肉表演"谋生。健美比赛的出现使社会中出现了大量的健美运动员，而应运而生的好莱坞大量肌肉题材的电影更是孕育了一批肌肉"特型"演员。上述变化都标志着"健身产业"开始逐步形成。伴随着产业的初现，主打负重训练的商业健身房和明星健身工作室在 20 世纪初开始密集出现，尤其是美国。其中以美国本土的健身明星查尔斯·阿特拉斯（Charles Atlas，1892—1976）在布鲁克林开设的健身工作室最具代表。阿特拉斯大量以漫画的形式宣传健身文化；这些漫画大多是关于一个瘦弱的人受到恶势力欺负后通过接受阿特拉斯的健身训练有了肌肉，变得强壮，最终击败恶势力的故事（图2-12）。这种新颖的宣传方式大大推动了人们对于"肌肉"、"健壮"形象的接受和向往。

然而，在 20 世纪初，随着阿特拉斯和 Sandow 在事业上的下坡、去世，以及在如日中天的基督教青年会的冲击下，商业健身房的发展开始放缓。Sandow 的美国扩张计划草草收场，而《Physical Culture》杂志也于 1907 年停刊。阿特拉斯的健身房也最终于 1928 年因资金问题而关闭❹。独立运营的商业健身房和明星健身工作室远远无法同早已成熟的

图 2-11　世界上第一次的肌肉选美比赛的比赛场景（上）和项目（下）
资料来源：https://physicalculturestudy.com/2015/05/05/the-great-competition-bodybuildings-first-ever-show/

❶ 摄影术由达盖尔于 1837 年发明。

❷ 参见 en.wikipedia.org/wiki/Eugen_Sandow

❸ 1904 年 1 月 16 日，首届大规模的健美比赛在美国纽约的麦迪逊广场举行。获胜者是阿尔·特雷劳尔（Al Treloar）获得"全世界体格塑造最完美的男人"的头衔。

❹ Danna S. The 97-Pound Weakling…who became "the World's Most Perfectly Developed Man"[J]. Iron Game History, Volume 4 Number 4, 1996.9: 4.

Turnhalle 和青年会健身房争夺市场。

3. Muscle Beach 和商业健身房的全面爆发

相比东海岸的经济高速发展，美国的西海岸则相对"原生态"，沙滩、阳光等元素创造出了极为丰富的休闲生活氛围；而沙滩休闲的"裸露"带来了人们对于肌肉、身材的进一步渴望，加上原本就更为浓郁的力量文化（如上文所说，美国力量文化的兴起很大程度上源于西部开发），美国的西海岸在 20 世纪初很快成了力量训练的重要基地；而伴随着诸如"肌肉电影"、教练、健美运动员等健身产业重要元素的崛起，以力量、形体美为核心的力量文化在 20 世纪中完全爆发。Muscle Beach 就是西海岸力量文化的重要据点。

Muscle Beach 位于圣莫尼卡。1934 年，Santa Monica High School 的 体 能 教 师 Paul Brewer、Al Niederman 和 Jimmy Pferffer 首先开始利用这片沙滩作为学生进行室外健身训练的场地，并称这片沙滩为"Santa Monica Beach Playground"❶。20 世纪 30 年代的大萧条时期，圣莫尼卡政府为了提供就业机会，实施了一项沿海沙滩的整修工程，而这片沙滩就作为其中工程的一部分；1936 年，为了将沙滩打造成为更好的面向学生的体操和训练场地，Niederman 在政府的允许下在沙滩上修建了一个很矮的木头舞台，随后又逐步加入了健身吊环、单杠双杠等固定的健身器械❶。这一行为也得到了周边以力量训练为主的"商业"健身房（当时最为著名的是 Crystal Pier 健身俱乐部）❶的响应，他们将一些哑铃、杠铃等带到了沙滩上，共同加入到在这片沙滩上构建健身主题的工程中。舞台和训练器械的引入无形中给予沙滩上健身训练行为更高的关注度，让健身活动成为沙滩上的固

图 2-12　阿特拉斯健身房的宣传漫画
资料来源：https://www.amazon.com/Art-Print-Charles-Atlas-Insult/dp/B0042FVFB2（上）；https://envisioningtheamericandream.com/2013/10/09/exercising-their-rights/（下）

❶ Ozyurtcu T. Flex Marks the Spot: Histories of Muscle Beach [D]. Austin: The University of Texas at Austin, 2014: 17–18.

定展示主题，健身文化逐渐在这片沙滩上扎根。而同时期的经济大萧条也使得更多的人有了闲暇时间，加入到了这片沙滩上的健身训练的行列中。这其中不仅包括摔跤运动员、杂技表演者以及热爱运动的普通市民，也包含了大量在沙滩上休息的"观众"。以健身文化为核心的"舞台"空间模式开始在这片沙滩上成型。

随着沙滩受欢迎程度不断上升，1938 年在政府的支持下，Niederman 和 Brewer 将原本的舞台扩建成 0.9m 高、3m 宽、12m 长的大舞台❶。越来越多的人在周末涌入沙滩参与到这种自发的健身运动中，运动员、观众也开始更为密集的在沙滩聚集，甚至好莱坞的"肌肉影视明星"也来此进行锻炼；此时沙滩中的运动项目包括了体操、杂技以及使用杠铃、哑铃的力量训练❶（图 2-13、图 2-14）。也就在这段时间，这片沙滩正式被命名为"Muscle Beach"。30 年代末，第二次世界大战，大量运动员等加入战争，"Muscle Beach"的热度略有消退❶（图 2-15）。

战后 40 年代后期，Muscle Beach 复苏。舞台设施再一次扩建，同时还特别开辟了负重训练区，加设了供力量训练使用的器械。而当时史蒂夫·李维斯（Steve Reeves）和 George Eifferman 等好莱坞"肌肉明星"也成为这些负重训练器械的常客❶。器械的提升和明星的造访无疑大大提升了 Muscle Beach 上健身运动的氛围，而负重训练也逐渐成为 Muscle Beach 的主角；健美的身材成为了 Muscle Beach 上健身训练的参与者们一致的审美和共同目标。1947 年，Mr. and Miss Muscle Beach 健美比赛（bodybuilding and beauty contests）开始举办，成为每年一次的健身选美盛典；到了 50 年代初，这项自发的比赛吸引了 2000 多名观众；比赛同时，

图 2-13　早期人们在 Muscle Beach 进行杂技娱乐（1937）
资料来源：Zinkin H, 1999: 24.

❶ Ozyurtcu T. Flex Marks the Spot: Histories of Muscle Beach [D]. Austin: The University of Texas at Austin, 2014: 18–19.

图 2-14　早期人们在 Muscle Beach 进行
单杠、吊环等器械训练
资料来源：Zinkin H, 1999: 29.

图 2-15　"二战"时期 Muscle Beach 依然保持较高的人气
资料来源：Zinkin H, 1999: 71.

还会进行音乐、杂技、平衡、力量展示等表演；这项健身盛世一直举办至 1958 年 ❶。1959 年，随着若干和 Muscle Beach 相关的社会安全事件以及犯罪事件的发生，Muscle Beach 最终在政府的压力下被迫关闭 ❶。

圣莫尼卡的"Muscle Beach"虽然只存在了短短的 25 年，期间也受到了战争的影响，但这片沙滩却见证了健身文化，尤其是负重训练为主的力量文化，的一次巨大的飞跃。Muscle Beach 彻底打破了原来 Turnen 为代表的教育健身空间"内向"的空间意象，而将由 Gymnase Triat 开创的"舞台"式健身空间模式更为彻底的表现出来，改变了健身运动在公共社会生活中呈现的形态。可以认为，Muscle Beach 作为一片公共沙滩，是首个将公共空间同健身空间完美融合的成功案例（图 2-16～图 2-19）。它证明，健身运动本身就具有极高的观赏性和公共性。而对于力量和肌肉的渲染也带来了人们对于身材"美"的重新理解。

在 Muscle Beach 的带动下，至 20 世纪中叶，西海岸出现了大量以训练力量和肌肉的商业健身房 ❷。然而这一时期

❶ Ozyurtcu T. Flex Marks the Spot: Histories of Muscle Beach [D]. Austin: The University of Texas at Austin, 2014: 20.

❷ Rose M M. Muscle Beach: Where the best Bodies in the World started a fitness revolution [M]. New York: AN LA WEEKLY BOOK, 2001: 55.

图2-16 Muscle Beach上汇聚了各个年龄的健身运动爱好者（1954）
资料来源：https://www.icp.org/browse/archive/constituents/larry-silver

图2-17 Muscle Beach 甚至吸引了残疾人加入训练（1954）
资料来源：https://www.icp.org/browse/archive/constituents/larry-silver

图2-18 Muscle Beach 上的健美比赛（1954）
资料来源：https://www.icp.org/browse/archive/constituents/larry-silver

图2-19 后期 Muscle Beach 的火爆程度已濒临失控
资料来源：Zinkin H, 1999: 98-99.

由于极其浓烈的健身氛围，商业健身房对于空间层面的需求极少，因此，呈现出"专业肌肉训练室"的空间意象，空间品质极低；加上它们多位于地下室，因此也被称为"地牢健身房"。然而，正是这些空间品质低下的"肌肉训练室"，最为直接地渲染了肌肉和力量文化，推动了商业健身房的火爆，开始在英国乃至世界"健身空间市场"的争夺中占据上风。

图 2-20 美国 20 世纪 50 年代提出的
"Total Fitness" 计划
资料来源：McKenzie S, 2013: 39.

4. Fitness 文化的出现以及健身俱乐部的转型

1956 年，随着艾森豪威尔总统的上任，美国关注青少年体能健康的 President's Council on Youth Fitness（PCYF）随即成立，力求普及全民的健康观念，尤其是面向青少年的身体健康 ❶。这一机构希望自上而下地形成一套教育体系、社会规范和检测体系来量化青少年乃至成年人的身体健康，并以此为基础提出提升民众健康状况的途径。经过将近 10 年的尝试，PCYF 提出了 "Total Fitness" 的概念（图 2-20），将其同身体健康，乃至精神健康的层面进行了关联 ❷。然而，最终 PCYF 并没有给出一套完整的提升美国人整体身体健康状况的方案 ❷（结合法国的实践历史，这种举国层面体系的提出本身就不现实）。即便如此，经过 PCYF 诸多政策的提出，Fitness 的健康运动理念开始在普通大众的意识中萌芽。

同时代，随着中产阶级的壮大，大众的生活水平也有所提高，饮食水平也有了显著的提升；而随之而来的 "肥胖" 问题也逐渐出现；"减肥" 成了当时中产阶级，尤其是中产阶级女性的重要议题。另一方面，中产阶级工作压力逐渐增大，导致心脏病比例上升，运动作为一种被认为可以提升身体健康，减少心脏病发病率的方式，逐渐被重视。正是在这样的社会背景下，Fitness 的概念开始进一步受到大众追捧，成为大众健身运动的新的目标。

所谓 "Fitness"，虽然同健康有着巨大的关联，但并不等同于 "健康"（Health）；它依然属于 Jeremy Bentham 所说的 positive 的范畴，可以理解为 "强壮" 的一种表现方式；然而，相对于传统力量文化，"健美（bodybuilding）" 的对于更粗壮的肌肉的 "无尽" 追求，Fitness 则更多的与 "肥胖" 对应，

❶ McKenzie S. Getting physical: The rise of fitness culture in America [M]. Lawrence: University Press of Kansas, 2013: 15.

❷ McKenzie S. Getting physical: The rise of fitness culture in America [M]. Lawrence: University Press of Kansas, 2013: 49, 52–53.

强调健康自然的身体线条，而不是一味追求肌肉；其包含内容也更为广泛，诸如饮食、睡眠等运动外的正常生活习惯方式也属于 Fitness 的范围内。参照特里亚提出的"强壮、健康和美"❶原则，不难发现虽然健美和 Fitness 文化存在诸多差异^{（表2-1）}，但 Fitness 并非全新理念，而是力量文化在复兴和普及过程中出现的多元化解读和侧重上的转变。这一转变带来的是对于单纯大重量负重训练方式的摈弃，而转变为适量的负重训练和多种形式的有氧运动（包括健身操、跑步等）的合理结合。Fitness 作为一个文化现象，最具代表性的体现就是以 Fitness 为主题电视、广播节目的出现^{（图2-21）}以及"慢跑"文化盛行。

图 2-21　美国 20 世纪中叶流行的电视健身
资料来源：McKenzie S, 2013: 74.

表 2-1　"健美（Bodybuilding）"和"Fitness"对于"强壮、健康和美"的不同解读

	健美（Bodybuilding）	Fitness
强壮	"力大无穷"	身体健壮，生活有担当
健康	没有疾病	没有疾病，生活积极向上
美	大肌肉	适度肌肉，不胖

资料来源：笔者自绘

　　Fitness 概念的提出和普及给予了更多人，尤其是女性，加入健身运动，尤其是力量训练的理由。电视、电台等媒体快速介入，使得 20 世纪 60 年代在美国的电视和电台节目中出现了一批关于 Fitness、健身的主题节目，其中最为著名、最具有代表性的是杰克·拉兰内（Jack LaLanne，1914—2011）主持的 TV Show。拉兰内早年也在 Muscle Beach 训练过，并开设了自己的健身房。较为特别的是，拉兰内更多地关注女性的健身运动，使得他的健身房成为美国第一个跨越性别的健身俱乐部❷；同时，他更多地结合了健康、饮食的

❶ Desbonnet E, Chapman D. Hippolyte Triat [J]. Iron Game History, 1995, 4(1): 4.

❷ Chaline E. The temple of perfection: A history of the gym [M]. Reaktion Books, 2015: 150.

图 2-22 美国 20 世纪中叶流行的慢跑运动
资料来源：McKenzie S, 2013: 113.

图 2-23 Jimmy Carter 参加长跑
资料来源：McKenzie S, 2013: 144.

研究，形成了一套自己的健身训练、健康饮食的理论，并以他的健身房为基地推广他的健身理念。顺应 Fitness 概念和中产阶级对 Fitness 的追求，1951 年他在洛杉矶的一家当地电视台开设了 The Jack LaLanne Show，用以传播家庭健身方法以及健康饮食理念；这档节目于 1959 年被 ABC 买下并持续播出了 34 年 ❶。可以认为，作为第一批 Fitness 文化倡导者，杰克·拉兰内奠定了美国乃至世界（如马华的电视健身节目）的 Fitness 文化基础；他大量的家庭健身的方法以及健康饮食的理念依然沿用至今；此外，健身运动和电视、广播等媒介的互动探索更是影响到了当代（包括当代大量以提供健身运动指导、搭建健身社交等服务的手机 app）。

慢跑（jog）活动源于新西兰的一种用于训练运动员的方式，1963 年以慢跑俱乐部的形式引入美国。伴随着当时人们对于运动、减肥以及 Fitness 的狂热，作为一个极其低门槛的运动方式，"慢跑"很快开始流行^{（图 2-22、图 2-23）}。初期，主要是大量的中产阶级和中老年人参与，其目标是减肥和 Fitness 等 ❷。然而随着慢跑群体不断扩大，青少年的加入使得慢跑不再只是作为一种有明确目标的健身运动，而成为一种时尚的标志和文化符号，并开始向"节约能源"、"绿色出行"、"全民马拉松"等理念拓展延伸 ❷，进而形成了独特的"慢跑文化"，成为美国 20 世纪 60 年代到 70 年代的时代标志。

健身电视节目和"慢跑"文化的出现，使得健身空间的概念进一步广义化，即健身空间不再局限于专门的健身房中，而是分散到了日常生活的各个空间中；这也意味着人们不再需要前往特定的健身房进行健身运动；通过电视节目，配合瑜伽垫等少量器械，随时都可以跟随专业的指导进行健身运动；甚至可以直接走上城市的街道、公园参与没有任何

❶ Chaline E. The temple of perfection: A history of the gym [M]. Reaktion Books, 2015: 150.

❷ McKenzie S. Getting physical: The rise of fitness culture in America [M]. Lawrence: University Press of Kansas, 2013: 115-117, 119-124.

门槛的慢跑运动。这一转变极大地拓宽了健身文化和健身运动方式在空间上的维度的同时，也一定程度上给予商业健身房极大的压力：如何让人们走进健身房。在 Fitness 文化的影响下，商业健身房形成了两种截然不同的空间发展方向。

　　一种发展方向是迎合 Fitness 文化，通过引入大众喜爱的体育运动形式，形成具有特色的健身运动"综合体"，代表品牌是 Vic Tanny's 健身房。其彻底推翻了"地牢健身房"专业化的训练定位，通过引入诸如瑜伽、团体操课、壁球、游泳池以及 SPA、健康餐饮、零售等功能，极大地拉低了健身房的门槛，吸引了更多的健身爱好者，尤其是女性和老人。这一健身房模式基本奠定了当代健身俱乐部的空间基础。而对于女性健身者的重视，更是开辟了商业健身房全新的发展点。在 Vic Tanny 的影响下，在 Muscle Beach 时期极为有名的女性健身者 Pudgy 于 1948 年在洛杉矶开设了第一个完全面向女性的健身房"Salon of Figure Development"❶，营造出了截然不同的"家（living-roomlike）"的温馨的空间氛围^{（图2-24）}。这种对于女性健身者的重视产生了极其深远的影响，直到 80 年代，一些健身房依然会设置专门的"女性时间（women-only hours）"❶。

　　商业健身房的另一种发展方向则是与 Fitness 文化背道而驰，依托"健美"比赛等，提供更为专业和"热血"的负重训练场所，进而形成升级版的"肌肉训练室"；这一类型的代表是 Gold's Gym 健身房。它们进一步将健身房的目标人群锁定为"专业健身者（Muscle-head）"，在保持"地牢健身房"空间氛围的基础上，提升空间环境的品质；同时去除操课、健身食品零售等环境和服务的干扰，让其内的训练者把更多的重心放在紧凑、热血的负重训练以及健身交流上。相比 Vic Tanny's 健身房的大众化形象，Gold's Gym 则显得

图 2-24　Pudgy's 健身房（上）和由 Pudgy 发明的用于深蹲的器械（下）
资料来源：Rose M M, 2001：60,63.

❶ Rose M M. Muscle Beach: Where the best Bodies in the World started a fitness revolution [M]. New York: AN LA WEEKLY BOOK, 2001: 61-62.

图 2-25　印有 Gold's Gym LOGO 的健身背心在现在依然受到欢迎

资料来源：手机 Instagram app 截图

图 2-26　Pumping Iron 电影中 Gold's 健身房的场景

资料来源：Pumping Iron 电影截图

❶ McKenzie S. Getting physical: The rise of fitness culture in America [M]. Lawrence: University Press of Kansas, 2013: 146-148.

❷ 原文为 To hell with the heart and lungs and all this marathon running stuff - I want to look better, not like somebody who just got out of a prisoner-of-war camp.（McKenzie S. Getting physical: The rise of fitness culture in America [M]. Lawrence: University Press of Kansas, 2013: 148）

"高冷"而专业。依靠明星效应和同"健美"比赛紧密的联系，Gold's Gym 成为"专业健身者"心中的"圣地"，也成为社会中健身健美深度爱好者趋之若鹜的"圣地"。至今在全球的健身房中，依然有着大量健身者穿着印有 Gold's Gym 字样的衣服进行健身（图 2-25），可见其在大众健身文化领域中巨大的影响力。

以 Vic Tanny's 健身房为代表的健身"综合体"和以 Gold's Gym 健身房为代表的"肌肉训练室"（图 2-26）虽然方向大相径庭，但都为当代健身房空间模式提供了极为宝贵的经验。随着以它们为蓝本的商业健身房的涌现，由商业健身房主导的负重训练和力量文化全面取代 Turnen 及类似教育健身体系，统治健身市场。

1983 年，美国总统罗纳德·里根（1911—2004）出现在了当时《Parade》杂志中，主题是"How to Stay Fit"（图 2-27），讨论了他的保持健康的方法；其封面照片是一张他使用器械进行腿部训练的场景，文字则论述了他自从 1981 年遇刺后开始进行的健身训练内容以及成果。这一专题表明总统健康向上的生活状态的同时，其肌肉和负重训练的照片也自然的同男性气概相联系，暗示了他在主持国家大局的阳刚和硬派；负重训练不仅让总统变得健康有力量，更彰显出他治国的能力❶。这也从侧面反映了社会对于负重训练和力量文化的全面接受。

随着力量文化的全面普及，对于 Fitness 狂热追求逐步消退，健硕的肌肉和饱满的身材重新成为人们，甚至是女性，关注的话题。当时存在这样的说法："让心脏、肺（的健康）和马拉松长跑见鬼去吧，我就希望能够更好看，不能和那些像是从战争牢房中出来的人一样（瘦弱）"❷。大众逐步从街道、电视前回到健身房中，并开始花费更多的时间和精力研究如何让自己变得更有肌肉，挑战之前只有专业健身运动员才会进行的动作和训练方式。然而，这并不意味着 Fitness 文化被全面取代；后者以有氧运动的方式成了健身运动的另一种选择，成为负重训练的有力补充。跑步机、游泳池、有氧操房、瑜伽室、单车房等作为以 Fitness 为核心的有氧训练的重要代表，同如 Golds's Gym 中大量热血的负重训练器械，共同构成了当今商业健身房的基本模式。

20 世纪末，健身房产业迎来了继 Muscle Beach 之后又一次的黄金时代；20 世纪 80 年代，负重训练为核心的健身运动成为第二受欢迎的美国休闲体育项目❶。

三、西方影响下的中国近现代公共健身空间演进

虽然"健身"的概念是西方于古希腊时期就已经成熟的运动方式，是一个西方语境下的概念，但对于健身的目标——"健康"的追求，即便是在重文抑武的中国传统文化中也并不少见。"导引"和"习武"就是同西方健身概念最为贴近的中国传统"健身"方式。然而，"导引"由于其背后极为深厚的道家思想以及对于"长生不老"的追求，使得其虽然是一种成熟的健身运动方式❷，但动作套路极为简单，表现形式也更为贴近"修行"或是"体育治疗"的范畴。这也致使其虽然有着极为完备的训练套路，但没有与之相对应的运动器械和空间，不在本书研究的"健身"以及"公共健身空间"范围之内。"习武"与本书研究的"健身"概念更为贴切，其包含了训练内容（成型的武术套路）和运动器械（兵器、武器等），在宋代的城市中也有官方设立的"武学"（武

图 2-27 里根和 "How to Stay Fit"
资料来源：Reagan R, 1983.

---

❶ Sullivan A. Bodybuildings Bottom Line-Muscleheads [J]. New Republic, 1986, 195(11-12): 24.

❷ 中国的导引文化通过法国传道士的转载（Cibot P M, 1779: 441-451），传播到了世界，并被广泛称为"道家医疗体育"（Taoist Medical Gymnastics），印证了将其作为一种独特的健身文化进行研究的合理性；部分西方学者甚至认为，中国的导引文化影响了瑞典体能先锋 Ling 的思想，后者有着巨大世界影响力的体操训练方法中可以清晰地看到大量中国导引动作的影子（Dudgeon J, 1895）。

术学校）作为培养武术人才的教育机构。然而，由于在中国古代，武术有着极为重要的军事功能，加上"重文抑武"的社会风气，武术或者说"习武"很难被称为一种"大众"健身运动方式❶。综合来说，中国古代虽有同西方"健身"相类似的概念，但均缺乏公共性，不属于本书关注的"公共健身空间"研究范畴。

19 世纪后叶，随着西方列强进入中国，西方的体育文化，包括健身文化也被引入中国。本节将依照西方"教育"和"商业"两条公共健身空间发展线索，分别论述两者在中国的传播和影响。

1. 中国近现代的教育健身空间

西方体育文化自 19 世纪中后期由西方引入中国，其中就包含了西方健身文化和健身空间模式。在西方列强的压力下，清政府于 1901 年宣布实行"新政"，并于次年正式颁布《钦定学堂章程》，废除科举，开设新学。1903 年颁布《奏定学堂章程》，规定"各学堂一体学习兵式体操，以肄武事"❷。1905 年"学部"❸在《奏请宣示教育宗旨折》中，以日本为例，建议在学堂设置体操课，"幼稚时以游戏体育发育其身体，稍长者以兵士体操严整其纪律"。❹这一系列改革举措虽然影响甚微，但标志着体育正式被中国官方教育引入。与此同时，西方以青年会为代表的公共健身组织在中国的传播和开设会所，更为直接地为普通大众带来了健身运动文化和公共健身空间的模式。从 1907 年上海基督教青年会西川中路会所中健身房的开设到抗日战争时期，是西方健身空间的引入及其同中国社会和中国传统文化的融合时期，其在空间上呈现"会所健身房"的基本模式，最为普遍的公共健身空间

❶ 中国古代，自战国时期开始，武术就形成了"民间武艺"和"军事武艺"两条发展分支。前者偏向普通民众，以技艺为主，可以认为是一种艺术表演；后者则偏向于实战，以阵法等为主。从面向大众的公共健身层面来看，无论是"民间武艺"还是"军事武艺"，都不能说是一种大众健身方式。直到近现代，随着西方火器武器和新式战争进入中国，武术的军事功能完全被取代。武术才最终向大众健身的社会定位转变；而这一过程中，西方健身文化的引入起到了极为重要的作用。

❷ 全文为"中国素习，士不知兵，积弱之由，良非无故。揆诸三代学校，兼习射御之义，实有不合。除京师应设海陆军大学堂，各省应设高等普通专门各武学堂外，惟海陆军大学堂暂难举办。兹于各学堂一体练习兵式体操，以肄武事，并于文高等学堂中，讲授军制、战史、战术等要义。大学堂政治学门，添讲各国海陆军政学，俾文科学生稍娴戎略。此等学生入仕后，既能通晓武备大要，即可为开办武备学堂之员，兼可为考察营务将卒之员。"

❸ 学部即 1904 年开设的教育部。

❹ 谷世权. 中国体育史 [M]. 北京：北京体育大学出版社，1997: 190.

是基督教青年会会所和国术馆。

中国的基督教青年会早在 1876 年就开始在上海出现并成立了第一个面向外国人的服务组织 ❶。1895 年 12 月 8 日，在北美基督教青年会派遣牧师来会理的支持下，天津市基督教青年会正式成立 ❷，标志着中国第一所城市级的基督教青年会的成立 ❸。次年，在上海举行了第一次全国青年会组织会议，标志着中国基督教青年会的正式成立；中国基督教青年会也进入了快速发展时期 ❷。

中国基督教青年会早期的活动以"日校"和"夜校" ❹为主；通过教授外文、算数、打字等知识技能 ❺，促进了西方先进的科学和技能在中国的传播。而随着"德育，智育，体育"的青年栽培原则的提出 ❻，西方体育被引入青年会的公开课程中，并随着青年会自身的发展，大大地推动了体育文化在中国的传播。

> 第二期从一九〇九年到一九一九年，是中国体育进步最快的时期。……这个时期艾司诺博士对于中华民族身体的健康，的确有极大的贡献，他的影响便惹起了旁的教育机关对体育的注意。这个时期的后半期，中国各地的体育团体便组织起来了。一九一〇年，在南京当南洋工业展览会举行的时候，艾司诺博士便筹办了第一次的全国运动会，中国各地出席的运动员有一百五十八人之多 ❼。

1916 年，孙中山先生的《勉中国基督教青年会》中给予中国基督教青年会极大的肯定。

> ……为诸君皆受基督教青年会之德育智育体育之陶冶，而成为完全人格之人也，合此万千完全人格之青年，为一共进互助之团体，诸君之责任重矣。而中国基督教青年会之责任更重矣。夫教会之人中国，既开辟中国之

❶ 贾永梅. 基督教青年会传入中国史实考略 [J]. 史学月刊，2008 (2): 131–133.

❷ 顾长声. 传教士与近代中国 [M]. 上海：上海人民出版社，2004: 279–280.

❸ Risedorph K A. Reformers, athletes, and students: the YMCA in China, 1895–1935 [D]. Washington University, 1994.

❹ Riordan J, Jones R E. Sport and physical education in China [M]. London: Taylor & Francis, 1999: 79.

❺ 上海的青年会夜校面向社会青年人，课程包括英文、法文、德文，之后扩展至算学、打字、账目等商业技能科目（张志伟，2010: 175）。而上海的青年会日校课程则为希望考上圣约翰大学的学生提供预科，因此课程上参照圣约翰的高中课程设置（张志伟，2010: 183）。

❻ 张志伟. 基督化与世俗化的挣扎：上海基督教青年会研究，1900–1922（第二版）[M]. 台北：台湾大学出版中心，2010: 96.

❼ 宋如海. 青年会对于体育之贡献 [G] // 上海中华基督教青年会全国协会. 中华基督教青年会五十周年纪念册：1885—1935 [M]. 上海：中华基督教青年会全国协会，1935.

图 2-28　上海基督教青年会第一个健身班
资料来源：http://memory.library.sh.cn/
node/31454

❶ 孙中山. 中山先生亲书"勉中国基
督教青年"原稿（孙中山学术研究
资 讯 网）[EB\OL].［2016-12-28］.
http://sun.yatsen.gov.tw/content.
php?cid=S01_06_01_01.

❷ 宋如海. 青年会对于体育之贡献［G］//
上海中华基督教青年会全国协会.
中华基督教青年会五十周年纪念册：
1885—1935［M］. 上海：中华基督教
青年会全国协会，1935：59-60.

❸ 张志伟. 基督化与世俗化的挣扎：上
海基督教青年会研究，1900-1922（第
二版）[M]. 台北：台湾大学出版中
心，2010：305. 协会. 中华基督教青年
会五十周年纪念册：1885-1935［M］.
上海：中华基督教青年会全国协会，
1935.

❹ Lupkin P. Manhood Factories: YMCA
Architecture and the Making of Modern
Urban Culture［M］. U of Minnesota
Press, 2010: 149.

风气，启发人民之感觉，使吾人卒能脱异族专制之羁恶，
如摩西之解放以色列于埃及者❶。

　　在众多对中国体育文化的贡献中，对于健身运动的引入
和推广是中国基督教青年会最为突出的贡献（图2-28）。1907年，
上海基督教青年会四川中路会所首次设置了专门的健身房，
并于1909年邀请北美艾司诺博士主持。作为西方概念下的
中国第一个公共健身空间，上海青年会四川中路会所健身房
开创了以 Turnen 为蓝本的中国健身文化的先河。

　　一九〇九年，一个现代体育的程序在艾司诺博士（Dr.
M. T. Exner）领导之下得了组织与系统。艾博士是北美青年
协会派遣来华服务的一位体育干事。他刚到了中国，于预备
安妥了一个会所之后，就立刻选了二十名青年，开始着手训
练，当上海健身室开幕的时候，他们便表演了一回。这一次
的表演成功了，证明中华民族对于体育方面有莫大的希望❷。

　　同时，作为中国第一个自建会所❸，上海青年会会所成
为中国青年会自建会所的空间模版。而鉴于健身运动受到中
国民众极大的欢迎，北美青年会早已成熟的健身体系和健身
空间的全面引入也逐步在中国之后新建的青年会会所中得以
实现。1913—1914年，相继落成的北京青年会会所（图2-29）
和天津青年会会所（图2-30）无论在规模上还是建筑的外形和
内部功能模式上，都进一步向北美的青年会会所经典模式靠
拢，后者更是被西方学者认为是中国第一个完全采用美国基
督教青年会风格模式（the first modern "Western"-style Y
building）的会所建筑❹。在这两栋青年会会所建筑中，三段
式立面、双入口设计、4层高度、低矮的一层、平屋顶等等
北美青年会建筑外形的基本模式完全得以传承，而在会所内
部配备了较大的健身房空间，功能明确而独立的"会所"和

表 2-2　1895—1935 年全国重要城市基督教青年会会所建立及加建年份

发展时期	年份	建造的基督教青年会会所
长成时期	1907	上海基督教青年会四川中路会所
	1912	南京基督教青年会会所
发展时期	1913	北京基督教青年会会所、成都基督教青年会会所、香港基督教青年会必列啫士街会所、汉口基督教青年会临时会所
	1914	天津基督教青年会东马路会所
	1915	太原基督教青年会会所、上海基督教青年会童子部加建
	1916	广州基督教青年会会所
	1917	汉口基督教青年会会所、烟台基督教青年会会所
	1918	香港基督教青年会必列啫士街新会所、广州基督教青年会会所童子部加建
	1919	杭州基督教青年会会所
	1921	苏州基督教青年会会所
	1922	西安基督教青年会会所、周村基督教青年会会所、杭州基督教青年会会所加建（健身房）
挫折时期	1923	汾阳基督教青年会会所
	1924	保定基督教青年会会所
	1925	台山基督教青年会会所
	1926	济南基督教青年会会所、南京基督教青年会府东街会所、宁波基督教青年会会所、长沙基督教青年会会所、成都基督教青年会会所改造
	1927	南昌基督教青年会会所、厦门基督教青年会会所
	1928	太原基督教青年会会所改造
	1929	汉口基督教青年会会所加建（校舍、沐浴室）、苏州基督教青年会会所加建（浴室和办公楼）、香港基督教青年会九龙窝打老道会所、上海西侨青年会会所
复苏时期	1930	烟台基督教青年会会所改造
	1931	郑州基督教青年会苑陵路会所、上海基督教青年会八仙桥会所、广州基督教青年会会所改造（童子部改为校舍）
	1934	香港基督教青年会九龙窝打老道会所扩建
	1935	昆明基督教青年会会所

数据来源：上海中华基督教青年会全国协会，1935，底色标识表示配备了健身房。

"童子部"两大分区❶，门厅结合阅览和游戏室功能等等也是同北美青年会会所一脉相承。而在健身空间层面，对于在北美早已普及的跑马廊式"青年会式标准健身房"空间模式的引入，则是北京和天津青年会最为突出的贡献。北京青年会会所健身房是北京市最早的室内体育馆❷，其对于健身、体育的引入改变了北京人，尤其是北京青年人的生活娱乐方式❸；而天津青年会会所健身房更被认为是中国第一个室内篮球场❹。这种"跑马廊"式的两层健身房空间成为最早的中国体育建筑模式，并极大地推动了整个体育建筑空间模式的发展。

在北京和天津青年会会所建筑的基础上，1916 年的广州青年会会所（图2-31）、1918 年的香港青年会会所（图2-32）、1919 年的杭州青年会会所（图2-33）等在建筑的外形和内部功能布局上不再恪守北美的会所模式，结合所在地区的气候特色，进行本土化的会所建筑尝试，如采用内凹式的主立面模式、柱廊的空间意象，甚至结合地形设置不同高度的入口等。然后，其内用于健身运动的健身房均采用了完全一致的"跑马廊"大厅模式。这也标志着"青年会式标准健身房"在中国青年会中全面普及，成为健身空间的标准模式。

20 世纪 20 年代，随着基督教在中国受到抵制，青年会的运营和发展也受到了极大的打击，会所的建设开始放缓（表2-2）；之后虽然有所恢复（图2-34），但也已经无法回到 20 世纪初的盛况。中国青年会的会所建筑有的拆除，有的转变为其他的城市公共功能（如北京青年会会所成了电影院❺，天津青年会会所成了少年宫）。原本位于青年会中的健身房空间的功能也随着本身定位的改变成了电影院、少年宫室内运动场、独立的游泳、体育馆等。

作为这一时期最为突出的健身空间形态，由青年会引领的"会所健身房"模式也给予了转型中的武术团体和组织极大的

❶ "会所"部分指面向青年的教育空间和休闲空间，如教室、图书室、讲演室等；"童子部"部分指面向少年的教育空间，往往配备相应的宿舍。

❷ 沈欣. 清末民初的北京体育近代化变革 [J]. 明清论丛，2011: 043.

❸ 北京青年会建立之前，北京的娱乐活动主要是看戏、节庆、听评书、中国式赛马以及由歌女或者公众表演者陪伴的娱乐（左芙蓉，2005: 120）。

❹ 杨晓光. 天津市筹建"中国篮球博物馆"的可行性分析与筹建规划研究 [D]. 天津：天津体育学院，2013: 16.

❺ 谭君. "文革"时期北京民众的娱乐活动 [D]. 北京：首都师范大学，2013: 40.

图 2-29　北京青年会会所（1917-1919）
资料来源：Sidney D. Gamble Photographs:
313-1793

图 2-30　天津东马路会所
资料来源："Association Building, Tientsin,
China", KAUTZ FAMILY YMCA ARCHIVES,
University of Minnesota.

图 2-31　广州会所内部庭院和主楼
资料来源："Association Building, Canton,
China", KAUTZ FAMILY YMCA ARCHIVES,
University of Minnesota.

图 2-32　香港青年会会所外观
资料来源：http://www.ymca.org.hk/en/

图 2-33　杭 州 青 年 会 会 所 施 工 过 程
（1917-1919）
资料来源：Sidney D. Gamble Photographs:
295-1686

图 2-34　上海西侨青年会（1928）
资料来源："Foreign YMCA, Shanghai, China
April 1928", KAUTZ FAMILY YMCA ARCHIVES,
University of Minnesota

启示。以青年会健身房的运营模式为蓝本 ❶，民间国术馆开始
涌现，其中最具代表的是于 1910 年成立并于 1916 年成功转型
的"精武体育会"其无论是在建筑外观 ⁽图 2-35⁾ 还是在建筑内的
健身空间形式 ⁽图 2-36⁾ 都极大的受到青年会的影响。此外，如浙
江绍兴的大通体育会（1905）、广东梅山的松江体育会（1907）、
香港的南华体育会（1908）、上海的精武体育会（1910）、江浙
的国民尚武会（1911）、北京的体育竞进会（1922）、浙江体育
会（1912）等也是当时国内极具影响力的国术馆 ❷。它们多以会
所的模式，借鉴青年会室内健身房的经验，形成了独特的"国
术会馆"，一定程度上推动了习武空间的室内化探索。

❶ 马廉祯. 略论中国近代本土体育社团
对外来社团在华发展的借鉴——以精
武体育会对基督教青年会的模仿为例
[J]. 搏击：武术科学, 2010 (3): 68-
70.

❷ 韩锡曾. 浅谈精武体育会在我国近代
体育史上的地位和作用 [J]. 浙江体
育科学, 1993 (1): 52-55.

图 2-35　1916 年精武体育会本会会所
资料来源：陈铁生，1919: 12.

图 2-36　1916 年精武体育会本会会所室内 2 个训练室
资料来源：陈铁生，1919: 13.

在大量民间国术馆的兴起的基础上，顺应武术文化在青年会室内健身房模式的蓝本上全面"健身化"的发展趋势，1927 年 9 月，中央国术馆在南京正式成立，会长为张之江[1]，会址为南京西华门头条巷[2]。作为政府支持下的官方国术组织，中央国术馆一方面对民间的习武组织加以管理和整合，另一方面也为中小学中出现的国术教育输送人才[3]。此外，中央国术馆也承担了武术的"科学化"的理论研究工作。其内的健身空间基本延续了民间国术馆的模式。中央国术馆及各省国术馆的建立，进一步标志着以青年会模式为蓝本的"国术馆"全面崛起，成为最主要的公共健身空间形式。

2.　中国近现代的商业健身空间

美国 20 世纪初随着"健美"文化的成型而带来的第一次力量健身文化的高潮也影响了中国，代表人物是上海的赵竹光（1909—1991）。1930 年，由于被美国体育杂志中的健美训练广告所吸引，赵竹光就接受了查尔斯·阿特拉斯创立的健美训练课程，结果身体变强壮了许多：体重由 45 公斤增长到 60 多公斤，全身肌肉都有了明显的增大，其中胸围长了 13 厘米，大腿粗了 8 厘米[4]。这一身形上的转变受到了

[1] 虞学群，吴仲德. 原南京中央国术馆的历史变迁 [J]. 南京体育学院学报，1996, 1: 013.

[2] 范克平. 旧时国立南京中央国术馆写真 [J]. 中华武术，2004.

[3] 刘旭东. 民国时期"中央国术馆"成立历史背景探析 [J]. 搏击：武术科学，2014, 11(5): 16-18.

[4] 李大威，吴艳，韩放. 健身运动 [M]. 哈尔滨：东北林业大学出版社，2002: 9.

很多人的关注，并希望一起进行类似的训练。中国第一个健美民间组织"沪江大学健美会"^(图 2-37)应运而生❶。随着健美会的成立，掀起了整个上海沪江大学学生参与健美运动的热潮。赵竹光在"健美会"的宣传壁报月刊的创刊词中写道：

图 2-37 沪江大学健美会会员合影
资料来源："健美会会员合影"，上海历史图片搜集与整理系统（http://211.144.107.196/oldpic/sites/default/files/public/oldphotos/40000/L1141978140906.jpg）

> 这是我们的第一声，不是鹿鸣，不是虎啸，而是澎湃怒涛的狂叫，是巨狮的雄吼。这种充满生命力的洪声，可以引领垂死的人们重新获得他们的生命，可以令醉生梦死的人们惊醒。你看，即在长睡的人们，也闻之喜跃倾听。这实在是四万万五千万同胞的福音。在这里，我们可以得到滋润灵魂的补品。从这里，我们可以倡导生命之甘泉❷。

从中一方面可见健身运动在沪江大学中火热而激昂的程度，另一方面也可以看出，这种让人外型健壮的负重训练方式，在中国的发展初期就已经同民族国家的兴亡联系在了一起。

1940 年，在赵竹光的主持下，"上海健美学院"成立，为"沪江大学健美会"影响下产生的第一批"健美"运动爱好者们提供健身训练，地点位于南京西路 1491 号二楼❷。我们可以认为，"上海健美学院"是力量健身文化在中国的第一个商业性质的健身空间❸。虽然其在空间和运营模式上与同时期的国术馆和青年会健身房极为类似，但由于承载了完全不同的训练内容和健身文化，"上海健美学院"在健身空间的发展历史上依然具有重要的地位。

从中国健身文化发展的角度来看，"上海健美学院"是中国第一个"力量训练"的倡导者，为中国以"肌肉和形体美"为目的的健身运动开先河，在发展过程中，极大地推动了健美运动的发展。伴随着 1944 年由赵竹光牵头的第一届男子健美比赛在上海举行，"健美"运动，作为力量文化专业化

❶ 全国体育学院教材委员会. 健美运动［M］. 北京：人民体育出版社，1991：11.

❷ 赵竹光. 上海健身学院（1940-1959）［G］// 体育文史资料编审委员会. 体育史料·第 1 辑. 北京：人民体育出版社，1980.

❸ 由于"商业健身房"本身概念并非绝对清晰，加上"上海健美学院"其命名上同当代的商业健身房有着较大的距离，因此，针对这一问题，学术界并没有给出明确的结论。

图 2-38　1950 年上海解放周年庆的彩车游行中的"健美"方阵

资料来源：https://commons.wikimedia.org/wiki/File:Shanghai_Muscle_Man_1950.jpg

的标志，正式在中国社会中出现。而以"上海健美学院"为蓝本，在抗战后，上海就先后出现了由曾维祺创办的"现代体育馆"、由张善根和曹宝康创办的"沪东体育馆"、由缪永年和吴体仁创办的"联华体育馆"等 12 个"健身房"❶，而广州、江苏、北京等其他区域也出现了以健美为核心的公共体育馆。全国以健美为核心的健身空间共计 20 余个❷。这些推行负重训练的"体育馆"开启了中国力量文化发展的第一次高潮（图 2-38）。

　　文革时期，"健美"运动和比赛都受到了极大的阻碍。但同"健美"同源的举重运动并没有受到影响；一些"健美"运动员和从业者也转为举重运动。"健美"运动、力量文化以负重训练的方式得以传承。随着"文革"的结束和改革开放，这些原来的"健美"从业者和爱好者重新由举重运动转为"健美"，带动了健美运动以及力量健身文化在中国的全面复苏。

　　娄琢玉（1925—2005）作为与 1942 年就在"现代体育馆"接受过专业健美训练的"健美"运动员，在"文革"时期转为举重运动，并于 1972 年在北京市工人体育馆的 24 号看台开设了"北京业余工人举重队"训练场❸。虽然，从概念上，这个举重训练场并不能视为是一个标准的公共健身空间；但考虑到举重训练同健身运动在内容上基本类似，而该举重队训练场又是面向业余爱好者，并非完全专业训练，因此，同本书研究的公共健身空间在定位和内部训练模式上是极为类似的。由娄琢玉开设的"北京业余工人举重队"训练场可以认为是中国改革开放以来，当代以力量健身文化为依托的商业健身房的空间雏形。在它的影响下，中国大众对于力量和肌肉美学的热情重新被激活和唤醒，"健美"运动和产业开始重新构建。"健美"运动经过十几年的蛰伏，终于走出举重运动

❶ 杨世勇. 中国健美史略 [J]. 成都体育学院学报, 1988 (3): 29-33.

❷ 卢晓文. 中国现代健美运动发展的历史回顾 [J]. 体育文化导刊, 2003, 9: 64-65.

❸ 郭庆红, 王琳钢, 刘铁民, 等. 忆往昔峥嵘岁月稠——上世纪八十年代健身健美运动发展回顾 [J]. 科学健身, 2011 (11): 77-87.

的"庇护"，重新成为一项独立的运动竞技项目，其标志正是
1983 年在上海举行的第一届"力士杯"男子健美邀请赛。而
这也使得以肌肉和力量为核心的公共健身文化全面复苏。伴随
着"健美"文化在健美比赛的带动下在中国逐渐复苏，以及女
性的加入^{（图 2-39、图 2-40）}，80 年代，大量以"业余健美训练班"
为形式的公共健身组织开始在中国的大城市中出现，也正是因
为这些"训练班"半职业的定位，使得其并不是一个完全低门
槛的大众健身空间，面向群体是有一定基础的健身运动爱好
者。这致使这些"业余健美训练班"在空间上同"地牢健身房"
极为类似，空间品质较差，器械配置也较为破旧。

图 2-39　1983 年女子参与到健美表演中
资料来源：http://mt.sohu.com/20150715/
n416840182.shtml

　　值得一提的是，1987 年广州"悦威健身中心"开业，标志
着中国第一个大型健美训练馆的出现。不同于同时代的"健美训
练场"，该健身中心采用了当时最为先进的健身器械，除了常见
的传统力量训练器械杠铃、哑铃，其内还设置了跑步机、划船机
等健身器械，甚至还包括了按摩机和蒸汽浴等周边器械❶（同当
代的商业健身房已没有太大的差别）。笔者认为，该健身房的出
现，标志着中国只靠杠铃、哑铃等传统器械时代的终结❷，也预
示着随着健身器械的更新，商业健身房在空间层面的转变。

图 2-40　1987 年全国健美比赛女子比赛
资料来源：郭庆红等，2011：81

　　虽然 1993 年北京申奥失败，但大众的体育意识得到了进
一步的加强。1995 年，《全民健身计划纲要》颁布实施，"全
民健身"的概念在中国全面普及，健身运动也正式被认为是
达到全民健康的重要途径❸。在这样的背景下，大众的健身
意识和健身需求开始升温。1995 年，由马华主持的《健美五
分钟》栏目通过电视健身的方式，进一步将"健美"的概念
和健美操的健身运动方式推向了高潮^{（图 2-41）}。健身运动的社
会定位开始进一步大众化和低门槛化，而其背后的主导文化
也由"健美（bodybuilding）"转变为"Fitness"。伴随着大众

❶ 中国健美协会．中国健美历史上的
第一（2）[EB/OL]．2015-04-24.
http://cbba.sport.org.cn/zjdy/2015-04-
24/469149.html

❷ 健身器材行业在中国的发展历史状
况．[EB/OL]．2014-01-07. http://
www.ciwf.com.cn/zh/news.asp?-
lx=sports&id=5752.

❸ 国务院．全民健身计划 (2016-2020)
[S]．国务院国发〔2016〕37 号，2016.

图 2-41　马华"健美五分钟"电视健身节目
资料来源：优酷视频截图自 http://v.youku.com/v_show/id_XMTEwODI3NDg4.html 和 http://v.youku.com/v_show/id_XMTExMDU2Njky.html

健身文化的全面普及，商业健身房也逐步由"业余健美训练班"进一步转变为独立于健美比赛的大众健身俱乐部。也正是因此，在以马华健身房为代表的商业健身俱乐部中，健美操房成为器械训练区之外的另一个重要的组成部分。

伴随着器械的现代化和以 Fitness 文化为依托的健美操的引入，商业健身俱乐部在 90 年代末迅速地崛起，被大众所接受。大量全新的健身俱乐部如雨后春笋般出现 ❶，基本奠定了当代商业健身房的空间和运营模式。

21 世纪初，随着全民健康和健身意识的进一步提升，运动，尤其是门槛较低的健身运动，成为大众日常休闲运动的主要形式之一。随着 2001 年首个高端连锁健身房品牌"青鸟健身"(图2-42) 的出现和国际连锁健身房品牌"中体倍力(Bally)"(图2-43) 引入中国，在空间层面，中国的商业健身俱乐部进一步拉近了同国际的距离。

总的来说，自改革开放以来的中国商业健身房的空间发展，经历了以健美比赛为核心的"健身训练场"，到 20 世纪末"健美操"带动下的健身房的大众化和低门槛化，再到当代健身房的多样化和特色化发展共三个阶段。对比这一时期的发展与美国商业健身房的发展历程，不难发现两者在定位

❶ 包蕾蕾. 中德健身业对比和发展趋势新探 [J]. 首都体育学院学报，2009(2): 172.

图 2-42　青鸟健身兆龙店
资料来源：笔者自摄，2016 年 7 月

图 2-43　中体倍力长安店
资料来源：http://health.sohu.com/2004/03/22/99/article219539912.shtml

和空间层面的相同之处：两者都经历了由依附"健美"比赛的训练室到顺应 Fitness 文化而独立的俱乐部的转变；空间层面也都经历了由"脏乱差"到宽敞明亮的空间形态的转变；内部的健身活动也都经历了由单一的负重训练到多元化的转变，而"健美操"均在这一过程中起到了重要的推动作用。

四、健身场、健身厅和健身室

前文梳理了西方近现代公共健身空间的发展线索，并探讨了其对于中国近现代公共健身空间的影响。本节将在此基础上，以建筑学的空间视角，对上述发展脉络进行特点分析，并总结西方近现代公共健身空间的 3 个类型。

1."由室外向室内"和"由大变小"

纵观两条西方近现代公共健身空间及其影响下中国公共健身空间的演进历程，不难发现，其空间维度上呈现出"由室外向室内"和"由大变小"两个清晰的空间演进趋势^(图2-44)。

"由室外向室内"的演进趋势表现在时间层面。自 1811 年西方近现代首个公共健身空间 Hasenheide Turnplatz 出现至 19 世纪中叶，由于其背后有着鲜明的反对宗教，回归自然的哲学思想的支持，公共健身的运动方式以室外为主，并追求在有树木和草地的自然环境中进行。这使得这一时期的公共健身空间均为位于自然中的室外"健身主题操场"，训练内容、器械设置也同室外空间的特性相匹配。随着健身运动的不断成熟和普及以及训练内容的不断精炼，加上城市化的客观趋势，室外健身训练场的诸如占地面积大、使用效率低、管理成本高等问题逐步凸显，将原本室外的健身运动"压缩"入室

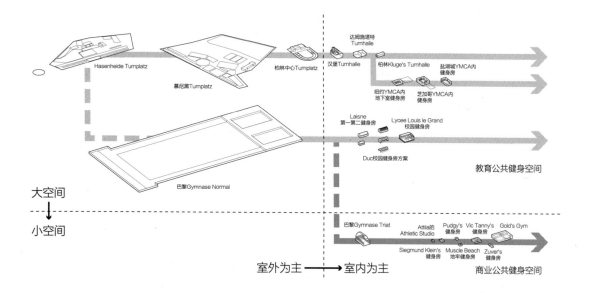

图 2-44 西方公共健身空间缩进的"由室外到室内"和"由大变小"的趋势（案例等比例分析）
资料来源：笔者自绘

内的空间尝试在 19 世纪中叶开始出现。室内的健身"房"空间便于管理，且不再受到天气等影响，使用效率更高，很快取代了训练场，成为最主要的公共健身空间形式。直到当代，城市中的公共健身运动也基本是在健身房的室内环境中进行，室外的健身活动空间则往往成为前者功能和空间的补充。

"由大变小"的演进趋势则表现在公共健身空间的演进线索层面。正如前文所说，西方近现代的公共健身空间依照其定位可以分为教育和商业健身空间两条线索。前者出现更早，有着更为明确的"提升参与者身体素质"的目标定位，因此，逐步成为学校、公共教育机构的常见配置。由于教育定位背后的公平性原则以及"团体进行"的教育模式，教育健身房需要承载大量学生同时进行训练，这使得无论是室外的训练场还是室内的健身房，其空间的规模都较大。与之相比，商业健身空间有着截然不同的目标定位。倚靠"回归自我"的哲学思想，商业健身空间内的健身运动不再以团队训练的方式进行，而多是个人或是三两成群的方式进行；而对于形体美、肌肉等的运动追求，使得商业健身房采用了同教育健身房完全不同的训练内容和健身器械。这些共同打破了对于大空间的需求限制，使得商业健身房向着小型化发展。

2."场"、"厅"和"室"

通过对西方近现代公共健身空间及其对中国影响的演进线索的梳理和分析，结合"由室外向室内"和"由大变小"两个清晰的空间演进趋势，我们可以将西方近现代及其影响下的中国近现代公共健身空间分为3种类型："健身场"、"健身厅"和"健身室"。

"健身场"指以室外为主、以"自然公园"为意象的公共健身空间。其按照空间规模可以进一步细分为"袖珍健身场"、"中型健身场"和"巨型健身场"。作为一种低门槛的公共健身空间，各个时期的"健身场"以其分散的空间布局、自由的内部空间模式成为健身文化的重要传播者。

"健身厅"指以室内为主、以单一的"室内大厅"为意象的公共健身空间。其按照内部空间的模式可以进一步细化为"单层大空间"、"多层高空间"和"'跑马廊'大厅"。作为一种较为集中的室内健身空间，各个时期的"健身厅"以其同健康、教育极为密切的关联，成为教育健身文化的主要推动者。

"健身室"指以室内为主、由单个或是多个小型房间组合而成的"俱乐部"为意象的公共健身空间。其按照内部空间模式可以进一步细分为"健身'舞台'"、"健身'训练室'"和"健身'模块'"。作为一种极具特色化的室内健身空间，"健身室"以其分区化的空间逻辑和商业运营下自由灵活的空间组织，成为当代最为主流的商业健身房模式，也是最为普遍和受欢迎的当代公共健身空间形态。

第三章

健身场

一、健身场的产生

"健身场"这类室外的公共健身空间产生于西方近现代公共健身文化发展初期，融合了"回归自然"的教育思想和"提升自我"的唯心主义思想；与此同时，这也与其以室外的"接近自然"的健身运动方式有很大关联。

1. "回归自然"和"提升自我"

在健身文化层面，"健身场"的产生离不开启蒙运动"回归自然"的理念以及德国"唯心主义"自我提升的哲学思想。

文艺复兴带来了人们思想的解放，而随着启蒙运动（The Enlightenment）的发起，"科学"的观念逐步涌现。大众的认知也逐步脱离教会的限制，"回归自然"。人们开始认为，人类应当是"来自自然"的（of nature），这意味着我们同植物、动物等等都是一样的。如果不使用我们的"身体"，我们无法真正认识"自然"❶。同时，科学的发展也给予人们重新认识世界的视角；其中，医学的发展推动人们开始从新的视角重新认识自己的身体，为健身和身体教育发展提供了扎实的基础。

与此同时，德国在哲学领域涌现了"唯心主义"（German Idealism）的思潮，其中以康德（Immanuel Kant，1724—1804）和黑格尔（Georg Wilhelm Friedrich Hegel，1770—1831）最具影响。康德本人并不能算是德国唯心主义的代表人物，但他为其发展奠定了思想基础。他批判了中世纪之后因科学的盛行而占据主流的理性主义和现实主义思潮，认为我们永远无法真正的认识世界，只能认识到世界的表象，而非本质（Thing in Itself）；但他依然相信 5 样事物：道德准

❶ Chaline E. The temple of perfection: A history of the gym ［M］. Reaktion Books, 2015: 84–86.

则（Moral Law），规则的绝对（Categorical Imperative），自由（Freedom），灵魂的永恒（Immortality）以及上帝（God）**❶**。体育哲学研究者 Robert Osterhoudt 认为体育运动反映出的体育精神与康德思想是切合的：存在绝对的规则（运动规则、训练方式等），具有绝对性，但依然保有自由度**❷**。

黑格尔在康德思想的基础上，提出世界是可以探索的，并进一步强调了事物认知的整体性。他强调思想同物质身体的统一性，但也认为思想是高于身体的存在，并且相信"绝对思想"（Absolute Mind）的存在。他认为教育应当是引导自我提升，发掘自身潜力的过程，而自我提升中并非一味强调思想，也包含了思想的载体，即身体的部分**❸**。

综上不难看出，反对神学、"回归自然"的理念和"自我提升"的哲学思想，共同构成了"在一个自然的环境中进行身体训练进而提升自身"的思想基础，促使了近现代公共健身空间的开创形式——"健身场"空间模式的诞生。

图 3-1 《初级读本》中的插图 "儿童玩耍的乐趣"（上）和"驯马术"（下）
资料来源：https://commons.wikimedia.org/wiki/Elementarwerk,_Kupfersammlung

2. 以室外训练为主的身体训练方式

"健身场"作为近现代西方公共健身空间最初的空间形态，极大地受到了文艺复兴以及启蒙运动时期健身教育在"科学"视角下的萌芽的影响。

启蒙运动时期，首个体系化的面向青少年的身体教育训练方式是 1774 年由巴塞多根据博爱学校的教育经历总结而成的《初级读本》（图3-1）。其中提出的诸如"古希腊健身法"和"骑士健身法"均为完全室外的、鼓励青少年"回归自然"的训练方式。而在巴塞多基础上形成的更为完备和系统化的古兹姆茨的《青年体操》（图3-2）则更是完全以室外为基本条件，以团体训练为形式的健身教育体系；插图中，无论是跑

❶ Mechikoff R A. A History and Philosophy of Sport and Physical Education［M］. fifth ed., NY: McGraw-Hill, 2008: 171-173.

❷ 同上

❸ 斯通普夫，菲泽（美），丁三东等译. 西方哲学史［M］，第7版. 北京：中华书局，2004: 456-477.

跳高

撑杆跳

跑步

图 3-2 《青年体操》中的插图
资料来源: GutsMuths J C F et al, 1803.

步、跳跃、攀爬以及游泳，都是在类似丛林的自然环境中进行。由此不难得出，"健身场"产生的时期，最为权威和体系化的健身教育体系均提倡在室外的自然环境中进行，采取类似"公园"的空间形态也是极为自然的选择。

除了训练体系本身的影响，由体系衍生出的训练器械也一定程度上从空间客观层面影响了"健身场"空间模式的出现。细看古兹姆茨的《青年体操》中健身教育的逻辑，不难发现，其本质上是一种对于青少年自然嬉戏过程中反映出的基本身体能力的归纳，再以此为目标，分别针对每一种基本身体能力设计训练方法和相匹配的健身器械。这也致使针对诸如攀爬、跳跃而设计的器械往往体量较大，无论出于成本还是出于实际推广的角度，都无法在室内完成；而诸如游泳等则更为直接的设计在自然的河流中进行。因此，在训练器械的限定之下，室外训练成为了客观必然的选择。

综合训练方式和训练器械两方面的因素，采用室外和贴近自然的"健身场"作为健身教育的专门空间，是最为合适的。

二、袖珍健身场

袖珍健身场指规模极小，往往只面向几个人，或者仅仅是单人使用的专门的室外健身空间。在实际案例中，袖珍健身场指小型的德国 Turnplatz 健身场，其中包括 1811 年的第一个 Turnplatz。

1. Hasenheide Turnplatz（1811）

1811 年建于柏林 Hasenheide 公园的 Turnplatz 是西方近现代公共健身空间历史的开端。其设计者 Jahn 秉承着"振兴普

图 3-3 第一个 Turnplatz——1811 Hasenheide Turnplatz
资料来源：http://www.bz-berlin.de/artikel-archiv/so-war-das-wirklich-mit-turnvater-jahn

鲁士"的民族情怀，希望通过健身训练提高青年人的身体素质，以更好地为"振兴普鲁士"的战争事业贡献力量 ❶；在古兹姆茨针对青少年的健身教育理念的基础上，Jahn 提出了具有更广泛面向群体的大众健身体系 Turnen，并设计了 Turnplatz 这一专门用于进行 Turnen 体系训练的公共健身空间。Turnplatz 的创立可以认为是 Jahn 健身理念在古兹姆茨理论基础上迈出的巨大的一步，而采用类似"公园"、"操场"的室外空间形式，也奠定了早期公共健身空间的整体意象。

从 1811 Hasenheide Turnplatz 的场景图（图3-3）中不难看出，其在空间上就是一个树林中的小公园，规模极小。这个方形的小公园周边通过栏杆限定边界，并结合入口设置了小型的室内空间用于更衣和健身准备。其内大致可以分为两部分，靠近入口部分设置了大量规模庞大的健身训练器械，包括鞍马、单双杠以及极高的用于攀爬的支架等；而另一侧则设置了一片空地，可用于跑步等使用。值得一提的是，整个 Turnplatz 继承了启蒙运动时期，健身教育前辈"回归自

❶ Goodbody J. The illustrated history of gymnastics [M]. Beaufort Books, 1982.

然"的理念，除了栏杆周围繁密的树木，Turnplatz 中也保留了几棵大树，这使得整个健身场的环境如同在自然中，与《Gymnastics for Youth》中插图的训练场景极为类似。由此不难看出 Jahn 受到了的古兹姆茨理论的影响。

2. 无固定模式的小型 Turnplatz

1811 年的 Hasenheide Turnplatz 取得了巨大的成功，当时的德国作家描述道："在 1811 年的夏天，（参与 turnen 的）人数达到了 300 人，他们来自各种社会阶层，从私人学校到大学，从平民到王子"❶。同时由于其救国和民族振兴的社会背景，Turnen 在德国掀起了公共健身的风潮；顺应这一流行，1811–1815 年，Jahn 主持在德国共建造了约 150 个 turnplatz❷。在大量实践基础上，1816 年 Jahn 出版著作《德式体操》，详细论述了 Turnen 的训练方法、Turnplatz 中可以进行的娱乐活动、Turnplatz 的管理运营方式以及 Turnplatz 的建造❸，其中最后一部分可以作为 Turnplatz 的"设计规范"，不难得出 Jahn 认为的标准 Turnplatz 的空间模式。

在 Turnplatz 的选址上，Jahn 认为：

> Turnplatz 根据不同的目标人群可以有不同的位置：如果是学校和教育设施内的健身房，那么临近学校的地方就是一个较好的选择。如果健身房是面向整个村落或者城镇，那么可以设置在 1.5～3km（1～2miles）的位置，这样八九岁的小朋友在走过去的途中也能得到很好的锻炼。其他选址的基础要求还包括：1 水平面，但可以是高的平台，这样空气更好；2 土壤，覆盖草地，有树，但不要松树。如果统一种植树木，那么树木应当种植在边缘、休息的地方以及单人训练场地之间；3 取水方便❹。

❶ Gasch R. Das gesamte Turnwesen [J]. Lesebuch für deutsche Turner, 1893.

❷ Giessing J, The Origins of German Bodybuilding: 1790–1970 [J], Iron Game History, 9.2: 9.

❸ 参照该书的英文译本，其前 2 大部分（健身训练、健身游戏）共计 144 页篇幅都在论述 Turnen 的训练体系；第三部分（健身房管理）共计约 20 页详细论述了 Turnen 体系的运动器械类型以及大致配置；而探讨健身房整体布局、规模、尺度等设计规范的最后一部分（健身房预算和建造）只有短短约 15 页。从这种篇幅的反差也不难看出 Jahn 提出 Turnen 体系中，Turnplatz 并非其核心内容；Turnen 训练体系才是其最希望推广的。

❹ Jahn F L. A treatise on gymnasticks [M]. MA: S. Butler, 1828: 166–167.

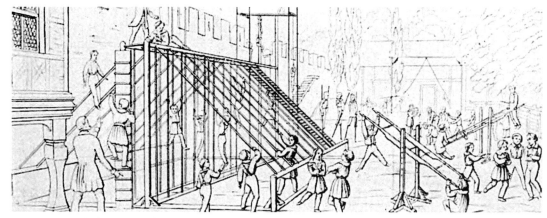

图 3-4　依附于学校的 Turnplatz 案例
资料来源: Leonard F E, 1947: 115.

　　由此可见，Jahn 认为 Turnplatz 在规划布局上应当依附于
学校或是村镇设置；对于诸如学校^(图 3-4)等小规模的组织来
说，小型的 Turnplatz 依然有着积极意义。因此，在《德式体
操》中，Jahn 也特别针对小规模的 Turnplatz 的规模和器械
设置提出了建议：

　　　　而一个面向 8 个人的 Turnplatz 也应当有 2 套跳高设
　　施、4 个单杠、4 个双杠、4 个跳杆、一个平衡杆、一个
　　掷飞镖的场地、1 套绳索供脖子拉、短的跳绳、2 条攀爬
　　的绳子、3 个爬杆、1 个 12feet 高的台阶等❶。

　　虽然 Jahn 给出了小型 Turnplatz 的建议，但限于规模，
实际建造中，小型 Turnplatz 依然呈现出了极大的自由度，并
没有形成如大中型 Turnplatz 一样的既定的模式。

　　柏林中心 Turnplatz 也是一个特色鲜明的袖珍健身
场^(图 3-5)。其占地 4800m²，长约 90m，宽约 60m，呈马蹄
形，可以清晰地分为 2 部分——建筑区和跑道区。建筑区包
含了两栋紧挨着的建筑，包括一个可用于训练的室内健身厅

❶ Jahn F L. A treatise on gymnasticks [M].
MA: S. Butler, 1828: 172-173.

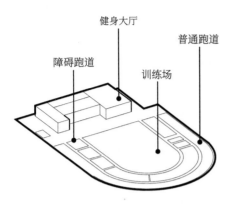
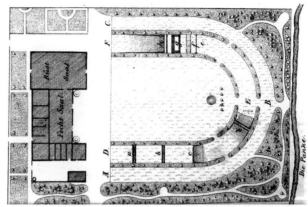

图 3-5 柏林中心 Turnplatz 轴测（左）与平面（右）
资料来源：笔者自绘（左）；Angerstein W, 1863: tafel 8.

（15m×13.7m）、一个演讲厅、两个用于休闲的房间、一个图书馆、一个储藏健身器械的房间以及其他配套的辅助房间❶。跑道区则呈放射状设置。中心为占地约 1200m² 的马蹄状的广场，可以用于集中的健身训练；围绕马蹄状的广场，发散形成两圈跑道。靠内的跑道设置了诸多障碍，用于训练障碍跑；靠外的跑道则为普通的半圆跑道❶。两圈跑道和广场中间通过树木加以分割。

对比柏林中心 Turnplatz 和 Hasenheide Turnplatz（1811），不难发现，小型的 Turnplatz 在空间层面并没有固定的模式。不同的小型 Turnplatz 会存在不同的训练内容的趋向，进而形成针对不同器械、训练内容的不同形式和特点的健身训练空间。然而在空间意象上，小型 Turnplatz 则完全一致的呈现出了"回归自然"的理念，无论是边界还是内部的分区，都采用绿化景观加以柔化，形成在自然中进行健身训练的空间意象。

❶ Angerstein W. Anleitung zur Einrichtung von Turnanstalten für jedes Alter und Geschlecht: nebst Beschreibung u. Abb. aller beim Turnen gebräuchl Geräthe u. Gerüste mit genauer Angabe ihrer Maße u. Aufstellungsart［M］. Haude u. Spener, 1863: 93–95.

三、中型健身场

中型健身场指具有一定规模，呈现出不同分区的健身场。其规模概念同巨型健身场相对应，往往同人的尺度和健身实际需求相对应。在实际案例中，中型健身场指具有一定规模（可以近似认为面向人群超过 400 人）的德国 Turnplatz 健身场及其空间衍生体操节（Turnfest），以及 20 世纪中叶美国的 Muscle Beach。

1. Hasenheide Turnplatz（1818）

Turnplatz 这种完全室外的"健身场"本身成本极低，因此，随着其内器械和运动体系的不断完善，其内的空间也相应地更新和发展。1811 年的 Hasenheide Turnplatz 经历了 7 年的空间演进，于 1818 年逐步扩建为一个占地 26000m² 的大型室外健身场；其内的空间也逐步完善，不再如"袖珍公园"那样单一，而是形成了一定的空间分区和分区模式。

参照德国 Friedrich Ludwig Jahn Museum 博物馆馆藏的"Turnplatz Hasenheide 1818"（图 3-6），我们可以清晰的看到 Hasenheide Turnplatz 在 1818 年的空间规模、布局以及训练场景。Hasenheide Turnplatz（1818）整体占地约 26000m²，长约 120m，宽约 300m，形状不规则，主入口位于北侧。其内部没有特别明确的分区，基本为绿地覆盖，空间上非常类似于一个"健身主题公园"。完全采用室外空间进行训练可以认为是启蒙运动"回归自然"理念的物质体现。其空间上大致可以分为草地区域和树林区域：草地区域主要是图中的北部和东部，其中按照不同的类型形成了不同内容的多块训练场地；树林区则位于西部，结合设置了军事训练区，这也

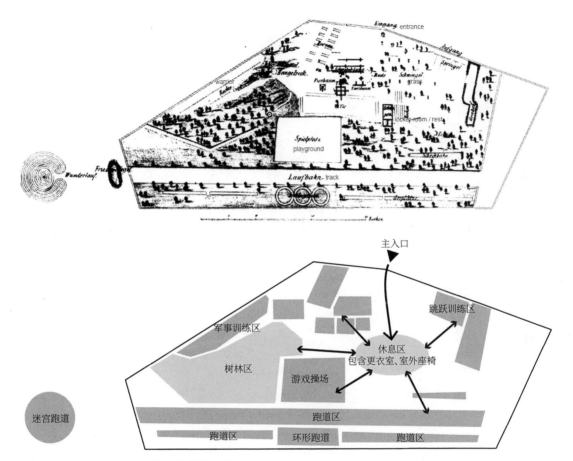

图 3-6　Turnplatz Hasenheide（1818）的平面布局

资料来源: Friedrich-Ludwig-Jahn-Museum - Inv.Nr: V 595 K/2, museum-digital(http://www.museum-digital.de)(上)；笔者自绘(下)

体现出 Turnen 的战争体能储备的产生初衷。此外，整个公园的中间区域还设置了一片供孩童游戏的操场。更衣室和休息室集中设置在公园中间靠东的位置，位于草地区域和孩童的操场中间，以达到更好地服务整个公园的目标。公园的南部设置了一条长跑道、多条小的跑道以及 3 个圆形的跑道；跑道左端同一个单独设立的迷宫跑道（Wunderlauf）[1] 相连。整个 1818 Hasenheide Turnplatz 空间布局十分松散而随意，并没有在规划层面进行特别的设计；虽然有较为明显

[1] Kürvers K, Niedermeier M. Wunderkreis, Labyrinth und Troiaspiel: Rekonstruktion und Deutung des lusus troiae [J]. kritische berichte-Zeitschrift für Kunst- und Kulturwissenschaften, 2013, 33(2): 5-25.

图 3-7 Hasenheide Turnplatz（1818）
的训练场景
资料来源：Friedrich-Ludwig-Jahn-Museum-
Inv. Nr: V 595 K/2, museum-digital
（http://www.museum-digital.de）

的分区，分区内也有不同主题的训练区域，但并没有设置明
确的阻隔来强化分区的空间感，只是通过树木的种植来简单
分割空间，这使得整个 Turnplatz 的空间非常开阔而自由，呈
现出接纳和欢迎的空间意象。

通过德国 Friedrich Ludwig Jahn Museum 馆藏的另一张训
练场景的绘画作品^{（图 3-7）}，我们可以发现，Turnplatz 中的训练
器械同当代的健身器械完全不同：大量的器械都是较为复杂
的大型构筑物甚至是塔等。这种大型的器械同 Turnen 训练系
统有很大关联：Turnen 系统中有攀爬、悬挂等训练项目，而
这些项目需要这种大型的构筑物提供支点以进行训练。也正
是因此，Turnen 采用室外的类似公园的"场"的空间进行陈
列、展示和使用这些大型的健身器械。除了大量的构筑物，
场地中还有骑马等运动项目；而同平面布局一致的是，在运
动区中有着大量的树木，同"公园"的意象完全吻合。

2. 具有一定规模的 Turnplatz 空间模式

在《德式体操》中，Jahn 针对具有一定规模的 Turnplatz
的基本形态和空间布局上，提出了如下的设计建议：

　　Turnplatz 的形态上应以四边形为主，长应是宽的
2倍。其边界需要修整，最好在边缘设置一圈围栏并配合
树篱，可以抵御动物。一般可结合边缘设置1~2圈树。
Turnplatz 需要设置至少一个面向步行和车行的入口，可
根据实际情况适当添加。入口到休息区的流线不应同训
练场区有交叉。在其内部的空间布局上，相同类型的运
动应当放置在一起。单个类型的训练场所之间应当较为
靠近，方便在不同训练中切换。另外，休息区、器械存
放区以及更衣室应当设置在一起，并最好在 Turnplatz 的
中心位置❶。

　　由此不难看出，Jahn 认为，较为成熟的具有一定规模的
Turnplatz 虽然本质上还是一种接近自然的训练环境，内部
场地的布置也依然自由，但其内需要呈现较为明确的分区关
系，相近类型的训练场地需要靠近布置，形成一个大的"训
练分区"；同时，场地的中心应当布置休息区，保证可以为
所有的训练区服务，并在其内设置器械存放和更衣等辅助
功能。

　　同时，针对较大规模的 Turnplatz，Jahn 对于其内的器械
数量也给予了建议：

　　Turnplatz 的规模根据其面向人数的不同而不同。一
个400人规模的 Turnplatz 大致占地150m×80m（465feet，
260feet），并配置赛跑跑道；环形跑道；2个长的，30个
短的跳绳；一长一短绳子用于拔拉运动；12个跳跃的杆；
2个跳高设施，3个撑竿跳设施；一个跳远池；一个台阶
供向下跳；3个平衡杆，12个不同高度单杠；9个双杠；
攀爬设施；悬挂设施；游戏场；角斗场地；准备运动场
地；铅球场地；掷飞镖场地等设备和器械❶。

❶ Jahn F L. A treatise on gymnasticks［M］.
MA: S. Butler, 1828: 167, 170-171.

1827 年 的 慕 尼 黑 Turnplatz 也 是 一 座 较 大 规 模 的 Turnplatz[图3-8]，占地面积 47900m²，规模超过了 1818 年的 Hasenheide Turnplatz。整个 Turnplatz 呈不规则的形状，东部区域为草坪区，几乎占总面积的 1/3；西部区域则形成不同的健身训练分区，通过整齐的树木加以区隔。主入口位于南边中间区域，并设置了室内的训练大厅。接近大厅设置了休息区和面向儿童的游戏操场。主体的训练区内的训练内容同 1818 年 Hasenheide Turnplatz 极为类似。

结合同 Hasenheide Turnplatz（1818）规模类似的慕尼黑 Turnplatz 布局，不难看出，其在整体布局上存在诸多相同点：首先，两者在形态上都可以大体分为树林区和草地区，

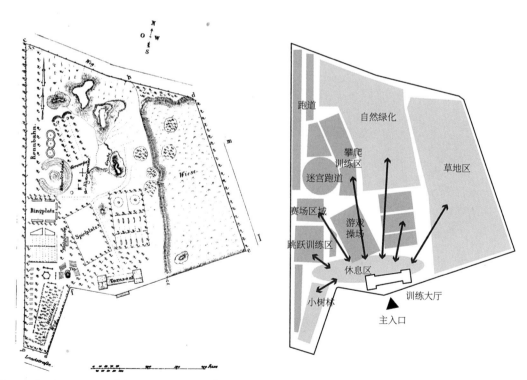

图 3-8　慕尼黑 Turnplatz 平面布局（左）及功能分析（右）
资料来源：Angerstein W, 1863: tafel 7（左）；笔者自绘（右）

图 3-9 Turnplatz 中的器械和运动
资料来源: East W B, 2013: 8.

图 3-10 Turnplatz 中的大型运动器械
资料来源: Giessing J, 2005: 8-20.

整个边界形状较为随意，且都有着极高的自然绿化的氛围。其次，两者内部的功能分区也极为类似，都包含跳跃、攀爬、跑步等区域，包括迷宫跑道，以及游戏操场、休息区等相应设置各种类型的器械^{（图3-9）}，其中包括一些大型的"构筑物"^{（图3-10）}。最后，两者内部空间都包含了建筑部分，虽然比重都非常小；Hasenheide Turnplatz 中的建筑主要用于更衣和储存器械，而慕尼黑 Turnplatz 中则还包含了一个健身大厅。

3. Turnplatz 中的嘉年华体操节

1811 年，伴随着 Hasenheide Turnplatz 的开放，为了更好地推广 Turnen 健身训练法，Jahn 于同年 6 月 19 日组织了第一次体操节（室外的 turnen 文化节），用于宣传 Turnen 健身法，取得了巨大的成功 ❶。

体操节（Turnfest）字面上理解即 Turnen 的 festival，是一个"节庆版"的 Turnplatz。在时间维度上，其不再像 Turnplatz 一样是一个长久存在的"公园"，而是一年一次或是两年一次的类似集会的"嘉年华"。Turnfest，不同于普通 Turnplatz，具有更多竞技的意味，是一个各个俱乐部交流的机会。除了传

❶ Mechikoff R A. A History and Philosophy of Sport and Physical Education [M]. fifth ed., NY: McGraw-Hill, 2008: 181.

图 3-11 1860 年位于 Hasenheide 的体操节

资料来源：http://manfred-nippe.de/?p=236

统的 Turnen 项目，Turnfest 上还会进行射击、击剑、摔跤、田径等项目以及游泳、高跷赛跑等竞技活动；除体育运动之外，Turnfest 甚至还会包括文学、艺术以及唱歌等娱乐项目❶。通过一些绘画（图3-11）以及摄影记录，我们不难发现，整个 Turnfest 场地没有明确的边界，比赛场地同外面的帐篷以及草地上休闲的观众并没有强行的分隔；不同的场地也没有固定的界限，而是通过人群自然的分割；设施都具有极强的流动性，基本没有什么大型的永久性的运动设施；运动项目则包括单杠、双杠、鞍马以及撑竿跳等项目。综上，Turnfest 整个空间"回归自然"的主题以及开放的空间意象同 Turnplatz 是完全一致，因此可以认为，Turnfest 是 Turnplatz 空间在功能使用上的衍生。

　　由于其"嘉年华"的氛围和定位，在 Turnen 体系传入美国之后，体操节便成为德国移民在美国的一种文化溯源和展示。美国的体操节最早于 1851 年的 Philadelphia 举行，1860 年前每年举办一次，后逐渐从 1869 年起改为四年举办一次；它是美国历史最为悠久的全国范围的体育庆典活动❷（图3-12、图3-13）。这种周期性举办的方式也反过来由美国传回德国，并在 1860

❶ Hofmann A R. The American turner movement: a history from its beginnings to 2000 [M]. Max Kade German-American Center, Indiana University-Purdue University Indianapolis, 2010.

❷ Barney R K. The German-American Turnfest: America's Oldest Sport Festival [C] //North American Society for Sport History. Proceedings and Newsletter. 1988: 17–18.

图 3-12　1864 年在纽约举行的体操节
资料来源：http://gkkapp.home.infionline.net/turnfest.jpg

图 3-13　1865 年 Cincinnati 举办的体操节
资料来源：http://digital.libraries.uc.edu/exhibits/arb/turnfest/turnfest3.php

❶ 上文提到 Jahn 在创立 Turnen 初期就采用体操节的形式进行宣传，但西方研究普遍认为，1860 位于 Coburg 的体操节是德国的第一个体操节。这很大程度上是因为前者影响范围极为有限，而 1860 的体操节是一项举国的运动庆典，奠定了至今的体操节的形式。

年 Coburg 开始进行 ❶，3～5 年举办一次。体操节的形式一直保留到了现在。我们不难发现这种形式同 1896 年开始的现代奥运会模式有诸多类似之处，虽然无法知道在形式上现代奥运会是否借鉴了体操节的形式，但毋庸置疑的是，大量 turner 的加入（尤其是在 1904 年美国圣路易斯奥运会上）

很大程度上推动了奥运会乃至现代运动的传播和发展 ❶。

4. Muscle Beach 健身"沙滩公园"

从历史演进层面来看，室外的"健身场"在时间上主要出现于西方近现代公共健身空间的发展初期。这很大程度上是由于其具有极高空间层面的开放度和自由度，能够极大地对其内的健身运动进行宣传，并通过极低的参与门槛让更多的人加入健身运动中。正是因此，20 世纪，在力量文化发展初期，Muscle Beach 及其对于健美和力量美学的推广同其"健身场"的空间意象有着极为重要的关联。

参照 Dave Yarnell 于 2012 年出版的《Great Men, Great Gyms of the Golden Age》❷ 一书中收录的一张 Muscle Beach 的手绘平面示意图（图 3-15），我们能够对其大致的空间布局有一定的认识。Muscle Beach 在整个圣莫尼卡城市海岸线的中间部位，位于垂直于海岸线的 10 号公路端头处的栈桥南侧。整个 Muscle Beach 沙滩区域长约 600m，宽约 200m。沙滩一侧毗邻伸入海中的栈桥，其主要用于垂钓。栈桥贴着沙滩的一侧分布了大量小尺度的店铺，售卖游客用品、垂钓用品以及小餐馆等，形成 Muscle Beach 的西北边的边界；东北边界为一条沿海步行道，道路另一侧为沿街的旅店、咖啡厅等；而东南方向没有明确的边界，从手绘图中可以模糊的认为 Pico Blvd 道路可以作为其模糊的边界；值得一提的是，前文提到的 Santa Monica High School 为 Pico Blvd 向东北方向 800m 处（图 3-14）。

从图 3-15 上不难看出，Muscle Beach 本身的空间形态是极其简单的。Muscle Beach 上只有 3 个小的建筑物：北部正对咖啡厅的为钓鱼器械室，位于沿海步行道上伸入沙滩的

❶ Hofmann A R. The American turner movement: a history from its beginnings to 2000 [M]. Max Kade German-American Center, Indiana University-Purdue University Indianapolis, 2010: 117.

❷ Yarnell D. Great Men, Great Gyms of the Golden Age [M]. CreateSpace Independent Publishing Platform, 2012

图 3-14　Muscle Beach 和 Santa Monica High School 的区位
资料来源：Yarnell D，2012:16.

图 3-15　Muscle Beach 的平面布局
资料来源：Yarnell D，2012:15.

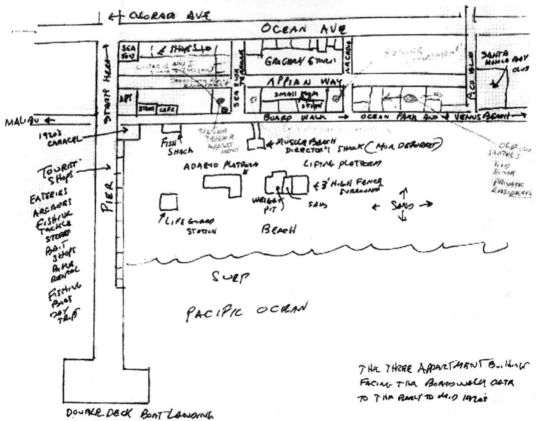

后勤室（Muscle Beach Director's Shock），靠近海的救生员室。除此以外，沙滩上只有 2 个舞台为固定的设施，靠西北的为 Adagio platform，呈 L 形，主要用于杂技、体操等表演；靠东南的为 Lifting Platform，面积较大，为力量训练的区域。其余的空间均为自然的沙滩。

在整个空间使用上，Muscle Beach 则极为自由和随意。作为城市中的一片重要的沙滩，也是圣莫尼卡重要的城市公共空间之一，其具有与生俱来的开放性。早期，随着舞台和吊环、爬杆以及单双杠的加入，沙滩上的活动以基于舞台的"杂技表演"和基于吊环等器械的类似 Turnen 的"体操"运动为主，这也同其最初作为学校的操场使用息息相关^{（图3-16、图3-17）}。随着"健身"主题搭配阳光、沙滩等开始在沙滩扎根，训练人数不断攀升，周边健身房也开始试图将室内的负重训练带入沙滩。负重训练对于固定器械的要求更小，且进行负重训练的专业健身者（Muscle-head）半裸身材在沙滩的衬托下具有更强的视觉冲击，这些使得负重训练很快就成为沙滩这个"健身舞台"的主角。从 1940 年命名采用"Muscle Beach"而非"Gymnast Beach"就不难看出 ❶。

"二战"之后，大量由战场归来的军人加入健身的行业，为 Muscle Beach 带来了更多的专业健身者以及更为多元的负重训练方法的交流 ❶。专门的负重训练区的开辟促使基于哑铃、杠铃的健身训练方式进一步占据沙滩的空间，而这一转变的背后是圣莫尼卡中大量商业健身房的推动。"力量文化"通过训练者和沙滩上的成百上千的观众的传播，促进了人们对于"大块肌肉"这一健美审美的接受和喜爱，使得原本只限于专业健身者、肌肉表演者以及肌肉演员等群体的审美追求受到了更多人的追捧；而立足于 Muscle Beach 的健美比赛

❶ Rose M M. Muscle Beach: Where the best Bodies in the World started a fitness revolution [M]. New York: AN LA WEEKLY BOOK, 2001: 37, 58.

图 3-16　Muscle Beach 上的杂技训练和舞台表演
资料来源: Zinkin H et al, 1999: 122-123.

图 3-17　Muscle Beach 上 的 爬 杆 训 练
（上）以及深蹲训练（下）
资料来源: https://www.icp.org/browse/
archive/constituents/larry-silver

更是强化了这一审美，使得"强壮的体型"和"健硕的肌肉"成为西海岸广泛接受的审美标准。

　　同为室外的公共健身空间，Muscle Beach 同 19 世纪初出现的以 Turnplatz 为代表的"健身场"在空间意象上有着诸多的共同点：空间自由，没有硬性的边界，贴近自然，内部健身活动由健身器械限定。但从空间形成上看，不同于 Turnplatz 这种由 Jahn 个人设计的"健身主题公园"，Muscle Beach 是城市公共空间同"健身"、"力量"等主题的自然的融合，可以认为是基于"力量文化"自发形成的公共健身空间，而非通过规划设计而来。这种差异导致 Turnplatz 是一个独立运营的"公园"，而 Muscle Beach 本质上依然是一个城市公共空间，同周边的城市功能有着极为紧密的互动和交流；这也极为明显地表现在 Muscle Beach 上大部分的负重训练器械都是由周边的商业健身房搬运而来。而从其内的运动本质思考，同 Turnplatz 中健身运动以教育为背景，以提升体质和健康为核心不同，Muscle Beach 中舞台的设置以及"力量文化"本身对于形体美的追求，其内的活动除了单纯的自我训练，还包含了健身运动经验方式的交流和展示。因此，Muscle Beach 不仅是一个独立的公共健身场，而且是整个圣莫尼卡由沙滩及其周边的商业健身房构成的"公共健身空间体系"的重要的组成部分：商业健身房为其提供硬件的支持，而 Muscle Beach 为商业健身房带来力量文化的爆发及其带来的巨大人气 ❶。

四、巨型健身场

巨型健身场指在占地面积和内部器械规模都远超实际需求的超尺度的大型健身场。事实上，巨型健身场所对应的正是法国 19 世纪前叶所提出的 Gymnase Normal 设计方案和最终的巨型"健身场"。

1. Gymnase Normal 巨型健身场

Gymnase Normal 巨型健身场方案是由 Amorós 在 Institution Durdan 的基础上设计的"国家级别"的教育健身场。所谓"国家级别"则是出于对于身体教育质量均衡的考量，希望通过集中建造"一个"Gymnase Normal 来服务全法国"所有的"中小学！它空间上借鉴了古希腊的健身空间，采用了完全室外的空间；抛开亲近自然等理念和价值观上的因素，减少运

❶ Rose M M. Muscle Beach: Where the best Bodies in the World started a fitness revolution [M]. New York: AN LA WEEKLY BOOK, 2001: 55.

营成本事实上是最主要的原因。在 Amorós 于 1830 年出版的《Manuel de l'éducation physique gymnastique et morale》第一卷中，他描述了他的 Gymnase Normal 设想：

> 游客由游览车引领穿过巨大的经典的拱门进入到园区，入口的建筑物包括一个为展示、演讲、生理课程以及唱歌准备的圆形剧场，训练师的住所以及教师办公区和学生的教室和商店。

> 向内是训练设施部分，其中包括更衣室、击剑学校、健身厅供冬天使用，面向公园的长的柱廊借鉴古代的形式，可用作古代的跑道、骑马学校、赛马跑到、两个游泳池（其中一个可加温供冬天使用）、两个深水池供潜水（其中一个用于跳水设施，另一个设置船等用作海军训练）、22 个壁球场地和一个大的球场。除此以外，还专门设置了面向军事训练的场地，及一座 30m 高的人工山，其一面悬崖，并设置一个塔，一个井和一些防御设施。公园部分则会设置若干 2~5m 的柱廊可供攀登、2 条壕沟可供跳跃或者骑马跳跃、6~15m 高的多根桅杆、2.7~4.5m 不等的多个木头梯子和绳索梯子、多组双杠、2 个 10m 高的八角形攀登塔、为袭击演戏准备的防御设施、1 个热身和游戏的空间以及 1 个专门面向老人的运动区域❶。

结合 Gymnase Normal 的平面设计图 ❷（图 3-18），我们不难看出，整个设计基本采用了方正的较为规整的设计语言，这同 Turnplatz 较为随意的"公园"布局完全不同。整个 Gymnase Normal 健身场长约 550m，宽约 250m，占地约 129000m²，整个平面明确的分为两部分，入口处（右边）为主要的建筑部分，而左边则为室外训练区。建筑部分对称布局，上下各分布一个内部庭院，庭院内设置小规模的室外运

❶ Amorós F. Manuel de l'éducation physique, gymnastique et morale［M］. Paris: Roret, 1830: 57-61.

❷ Amorós F. Nouveau manuel complet d'éducation physique, gymnastique et morale par le colonel Amoros, Marquis de Sotelo［M］. Paris: Roret, 1848.

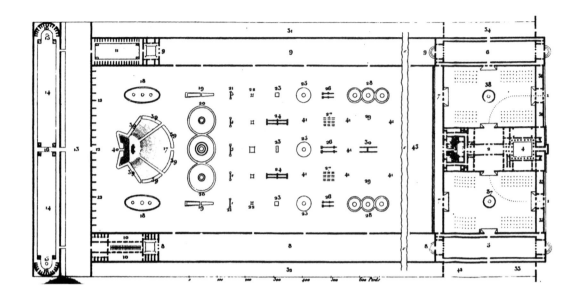

动器械。而室外训练区内则依照矩阵整齐的排布各种类型各种大小规模的健身器械。最后，整个 Gymnase Normal 的设计有着明确的边界，其周边通过围墙限定，并有意识的结合围墙设置相应的训练器械。总的来说，Gymnase Normal 的布局方正规则、有明确的边界（围墙），其内的器械摆放也呈矩阵整齐排布，有着浓重的人为设计意味。而在器械选择和设计上，Gymnase Normal 也借鉴了古兹姆茨以及 Turnen 体系，采用了大量的大型的机械感十足的健身训练装置（图 3-18、图 3-19）。

图 3-18　Gymnase Normal 平面布局
资料来源：Amorós F, 1848.

　　Gymnase Normal 提案最终只是部分实施了[1]，地点位于巴黎塞纳河南岸的 Dupleix，靠近现在埃菲尔铁塔的位置[2]（图 3-21）。这个国家级的超大规模健身空间最终占地 47500 平方米（仅为设计规模的 1/3），计划同时服务于全法国的皇家学校（collèges royaux）（图 3-20）以及全法国的军事训练（French armed forces）[3]，即兼顾教育机构和军队使用。用于军事

[1] Amorós 的 Normal Gymnase 提案之所以没有完全实施，是因为提案中的方案规模过于庞大，如果要完全实施，可能会导致当时的法国政府完全破产。

[2] Andrieu G. La gymnastique au XIXe siècle ou la naissance de l'éducation physique: 1789-1914 [M]. Ed. Actio, 1999: 29.

[3] Le Cœur M. Couvert, découvert, redécouvert... L'invention du gymnase scolaire en France (1818-1872) [J]. Histoire de l'éducation, 2004: 109-135.

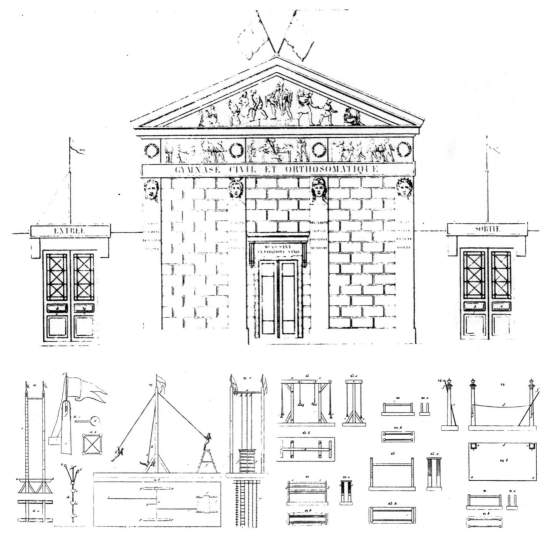

图 3-19 Gymnase Normal的入口立面及其内部部分运动器械设计
资料来源：Amorós F, 1848.

训练的部分（Gymnase Normal Militaire）于 1819 年 11 月 4 日正式建成，设置了大量的训练器械。次年，在其旁边的 Dupleix，由 Amorós 主持设计的 Gymnase Normal 市民部分正式对外开放。

图 3-20   儿童在 Gymnase Normal 中运动的场景
资料来源：http://www.paris15histoire.com/francisco.amoros.html

图 3-21   Gymnase Normal 实际施工区位
资料来源：http://www.paris15histoire.com/francisco.amoros.html

2. 集中式公共健身空间的失败

然而，Gymnase Normal 这一健身空间历史演进中唯一的一个巨型健身场最终以失败告终。1830 年，法国七月革命爆发，查理十世（Charles Philippe，1757—1836）被迫退位，路易·菲利普（Louis-Philippe de France，1773—1850）继位。随着社会的变动，Amorós 失去了来自政府的经济上的支持，Gymnase Normal 的市民部分于 1833 年被迫关闭；1837 年，其军事部分也关闭了。

究其失败的原因，虽然政府经济支持的撤出是直接原因，但其运营时期，诸多问题就已经暴露，突出表现在两方面：一方面是政客对这种针对青少年身体训练的必要性的质疑，另一方面则是各个学校的领导者认为将所有学校的学生送到同一个的区域进行身体训练在教学上非常割裂；前者是对身体训练本身的质疑，是身体训练的文化层面问题，而后者则是对于 Amorós 提出的"集中式"的健身空间模式的质疑：全法国的皇家学院都需要到一个地方进行身体训

图3-22 Amorós体系影响下的"分散式"
校园健身房
资料来源：Le Cœur M, 2004.

练，考虑路途成本，这几乎完全是一个只存在理论上的政策。Amorós之所以选择"集中式"的方式，同其基于青少年教育的背景有极大的关联：教育力求公平性，即不应有好坏之分。法国身体教育由于在发展初期，质量和模式都不够成熟，采取分散式设置可能会导致各个学校在教师资源以及相应配套的硬件设施上不均匀，进而造成青少年接受的健身教育不均衡。正是基于对于教育"平等"的苛求，Amorós的"集中式"的健身空间规划思路以及"建造一个服务全法国使用的教育健身空间"这种在现在看来有点不可思议的提案才会被提出并最终得以批准实施。而也正是因此，Gymnase Normal最终由于实际运营的极差的可达性，以失败告终。

尽管如此，Gymnase Normal 将近 **20** 年的历史在法国乃至世界健身空间发展历程中有着重要的意义。在健身文化层面，Amorós 的研究和 Gymnase Normal 一定程度上激发了法国其他区域的教育健身空间的发展，大量教育机构参照 Amorós 的训练法和健身空间模式，自主地展开了针对青少年的健身教育课程，在 Gymnase Normal 关闭后自发地拉开了独立的校园健身空间探索的序幕。而更为重要的，在空间层面，它证明了"集中式"的公共健身空间规划思路是不可行的，为之后法国乃至全欧洲教育背景的健身空间的"分散化"发展[图3-22]提供了案例支持。

五、"健身场"空间特点

在"袖珍健身场"、"中型健身场"和"巨型健身场"三种空间类型的基础上，本节将归纳"健身场"这类室外的公共健身空间在规划布局、内部空间以及内部行为等层面的特点。

1. 分散的布局模式

在规划布局层面，这些不同规模大小的"健身场"采用分散式的空间布局，并逐步出现了"依附"的趋向。

在第一个"袖珍健身场"——Hasenheide Turnplatz 取得成功之后，Turnplatz 这种"健身场"的空间就很快地在城市的不同区域以散点的形式出现，进而服务于不同的城镇、学校等。这种分散的布局模式使得 Turnplatz 得以快速传播的同时，也更好地扩大了服务的范围，进而提升了大众参与公共健身的便利性；这也同其面向普通大众的低门槛的定位相一致。

与这种分散的布局模式相对立的是法国 Gymnase Normal。出于教育的公平性原则，该"巨型健身场"力求以一个超大规模的健身空间来服务全法国的中小学。这种高度"集中"的规划布局思路虽然保证了健身教育的质量，但参与成本过高；最终的失败也进一步证明了分散的布局模式的必要性。

通过上述的正反案例，不难看出，分散的布局模式结合教育的功能定位，确实带来了对于健身空间本身质量控制的难题。Jahn 力求通过细化目标人群的定位来解决这一问题，即根据其目标人群的类型和规模，规划不同种类和数量的健身器械，进而形成不同规模和定位的"健身场"。虽然这些"健身场"大小不一，但采取了同一套健身体系和同类型的健身器械，其内的 Turnen 训练质量也就自然得到了保证。而在这一过程中，"目标人群"的确定也隐含了其"依附"的布局趋势。

2. 自由的空间布局

作为一种室外为主的低门槛的公共健身空间，"健身场"

其内的空间基本延续了室外"公园"的空间意象，以自由的布局形态为主。

在"中型健身场"中，这种自由的布局模式尤为明显。参照 Hasenheide Turnplatz（1818）和汉堡 Turnplatz，具有一定规模的 Turnplatz 内空间布局同当代的公园极为类似。其虽然形成了一定的分区，但内部的分区随地形而定，并无特定的规律；而不同分区之间仅采用绿化进行阻隔，使得整体分区的逻辑极为不明确。加上大小不一的室外训练场地，整个 Turnplatz 内部就像是各种形状的训练场的简单拼凑，并无明确的空间布局规律。而在 Muscle Beach 中，这种自由的空间布局十分明显。在沙滩上，除了固定的舞台和单杠等器械，其余的区域没有任何的人为分区；在整个沙滩上，人们可以极为自由地在任何区域进行任何活动，诸如运动、休息或是观看别人训练表演等；整个 Muscle Beach 沙滩空间是一个整体。

这种内部空间的自由布局带来的是类似"公园"的空间意象，而其背后则是"回归自然"的理念。"健身场"整体空间上尽可能地保持自然的空间氛围，减少人为建造的痕迹，让健身器械自由而随意地出现在自然中，正是为了让人们以更为平实的心态来接受健身运动。

3. 低门槛的训练内容

"健身场"可以认为是西方近现代公共健身空间发展的初期，其背后的核心目标是对于健身运动和健身文化的传播。因此，其内的健身训练也是低门槛的。

这种低门槛一方面表现在训练方式的简单。虽然 Turnen 是极为体系化的训练方式，但其训练动作难度较低，多为简单的跑、跳、爬等。这一点从其训练器械本身也不难看出：

虽然部分器械体量上较为巨大，但器械本身的训练逻辑都极为简单。这种训练方式的简单使得"健身场"在功能层面更为亲切，普通大众都可以轻松地参与其中的训练。

低门槛的另一方面表现在训练形式的自由。在 Turnplatz 中，虽然其教育的背景致使其具有"教和学"空间关系，但训练过程却较为松散。训练者可以自由地选择器械进行相应的健身训练。由于训练内容本身较为简单，这种完全自由的类似于"游乐园"式的训练形式并没有太大的风险，反而进一步营造出了"公园"中本应该有的愉悦的空间基调。

健身训练本身的低门槛降低了人们进入"健身场"中接受健身训练的门槛，以更为轻松和愉悦的空间氛围，极大地推广了健身文化。

六、当代中国"健身场"

以室外训练为主的"健身场"是一种低门槛的公共健身空间类型。虽然其内部空间较为自由而无规律，训练内容也较为简单，但作为一种十分大众化的用于健身运动的城市公共空间，在当代的城市公共健身空间体系中依然占据极为重要的地位。以北京为例，当代"健身场"主要以"袖珍健身场"和"中型健身场"为主，通过高度的分散化的布局，服务于城市的各个社区。其中，"袖珍健身场"以"全民健身路径"为代表；"中型健身场"则以专项活动场地和校园对外开放的体育场地为代表。

1. 北京当代"袖珍健身场"——全民健身路径

"全民健身路径"指修建在室外的小规模健身场地。这

图 3-23 位于三里屯 soho 旁的一处社区
内的全民健身路径
资料来源：笔者自摄，2017.3.11

图 3-24 位于清华大学内的一处全民健
身路径
资料来源：笔者自摄，2017.3.28

❶ 杨立超，刘婷，王广亮. 我国全民健
身路径工程发展历程，存在问题及对
策 [J]. 浙江体育科学，2010, 32(2):
7-12.

❷ 张建业，王艳红. 对我国全民健身路
径工程现状的思考 [J]. 首都体育学
院学报，2005, 17(1): 30-32.

❸ 吕青，李相如，徐向军，等. 北京市
健身路径发展和使用的现状及对策研
究 [J]. 山东体育学院学报，2006,
22(6): 26-28.

❹ 参见北京市全民健身公共服务平台
（http://www.bjqmjs.com/jkdt）

些小型的健身场地虽然规模极小，但具有一定科学性、趣味性和健身性 ❶，是一种成本较低、极易推广的公共健身空间模式。"全民健身路径"中一般配置诸如单杠、双杠、吊环、梅花桩、秋千、跷跷板等 ❶ 低门槛的健身训练器械，适用于各类人群进行简单的运动和健身活动。

为响应 1995 年的《全民健身计划纲要》，1996 年 6 月，广州天河体育中心建立了中国第一条全民健身路径 ❶。这一"健身场"的探索取得了极大的成功，1997 年，国家体育总局决定将体育彩票公益金中的 60% 用于在城市中建造同广州天河体育中心类似的基于社区的全民健身路径 ❷；全民健身路径开始在中国各大城市全面试点建造。

自 1998 年北京第一个全民健身路径的出现 ❸，由于有政策和体育彩票资金上的支持，北京的全民健身路径的建设开始飞速发展，并于 2003 年开始由中心城区向郊区拓展 ❶。这致使在当代北京，全民健身路径是最为普及的公共健身空间类型（图 3-23、图 3-24），也是最为老少咸宜的健身活动场地。

截至 2017 年 3 月，北京共建成使用全民健身路径 6507 处 ❹（表 3-1）。从整体的分布来看，虽然在大趋势上依然是中心城区集中，但极为突出的是，在郊区各县区，全民健身路径依然保持了较为均衡的分布。不仅是在规划中的居住区，在一些郊区的小型的村镇中，也完全覆盖。这足以看出北京全民健身路径极高的覆盖率。

作为分布最为均衡的一类公共健身空间，全民健身路径这种"袖珍健身场"承担了向大众普及最为基础的健身运动文化的社会功能。虽然单个规模较小，但其分散化的深入社区的布局方式对于大众更为亲切，也同其低门槛、简单健身训练的定位极为相符。作为一种极为标准的"健身场"，全

表3-1　全民健身路径分布及平均服务人数

	全民健身路径数（个）	2015常住人口（万人）	健身路径平均服务人数（人）
东城区	192	90.8	4729
西城区	322	129.8	4031
朝阳区	807	395.5	4901
丰台区	461	232.4	5041
石景山区	189	65.2	3450
海淀区	893	369.4	4137
顺义区	530	102	1925
通州区	529	137.8	2605
大兴区	616	156.2	2536
房山区	389	104.6	2689
门头沟区	212	30.8	1453
昌平区	481	196.3	4081
平谷区	245	42.3	1727
密云区	296	47.9	1618
怀柔区	259	38.4	1483
延庆区	86	31.4	3651
共计	6507	2170.8	3336

资料来源：全民健身路径资料整理自北京市全民健身公共服务平台 [EB/OL].
[2017-03-16]. http://www.bjqmjs.com/；常住人口数据来自北京统计局 [EB/OL].
[2017-03-17]. http://www.bjstats.gov.cn/；数据截至2017年3月。

民健身路径凸显了分散化的规划布局、自由灵活的内部空间以及低门槛的训练内容的特点。虽然在实际使用层面，部分地区的全民健身路径缺少定期维护导致器械存在使用危险或是用作别的用途（晒被子等），部分器械缺少必要的使用说明也导致部分居民错误地使用造成身体的伤害❶等操作层面的问题，但从空间层面，深入社区的布局加上科学而成体系的器械设置，使得全民健身路径毋庸置疑的成为最为普及的公共健身空间形式；而随着全民健身氛围的不断高涨，大众健身理念的不断提升，全民健身路径还将起到更为重要的社会功能。

❶ 董鹏，顾渊，赵之心，等. 北京市全民健身路径使用情况调查 [J]. 中国体育科技，2003, 39(1): 40-41.

2. 北京当代"中型健身场"——专项活动场地

　　除了上述的全民健身路径，在全民健身的政策下，北京还开设了专项活动场，并开放部分校园的体育健身设施，用于大众的健身运动。这类室外的公共健身运动场地虽然包含了足球、篮球、乒乓球等竞技类运动的场地，但其定位还是大众健身，竞技性较弱，且空间上同"健身场"较为类似，因此可以认为此类专项活动场地是一种包含了运动场地的"中型健身场"。

　　专项活动场地指由政府主导建设的对全民开放的公共运动场地，其多分布于城市的公园、绿地等公共空间中。全北京开辟专项活动场地共 230 处，基本结合规划的居住区分布；整体集中于中心区，郊县区域分布较少[表3-2]。

表 3-2　专项活动场地内体育场地类型和数量分布

	专项活动场地（片）	篮球场（片）	乒乓球台（片）	网球场（片）	笼式多功能球场（片）	门球场（片）
东城区	8	5	29	1	2	0
西城区	6	3	48	1	1	1
朝阳区	13	30	49	3	8	0
丰台区	19	17.5	123	10	9	50
石景山区	2	3	38	1	0	0
海淀区	48	53	224	19	14	12
顺义区	17	31	83	3	4	8
通州区	16	27	62	6	1	2
大兴区	17	15	177	1	5	0
房山区	24	33	81	4	4	26
门头沟区	2	1	20	0	0	0
昌平区	21	16.5	176	14	10	2
平谷区	14	15	45	2	0	0
密云区	10	12	59	1	2	2
怀柔区	11	12	45	2	3	1
延庆区	2	0	20	0	0	0
共计	230	274	1279	68	63	104

资料来源：专项活动场地资料整理自北京体育局群众体育数据 [EB/OL]. [2017-04-24]. http://www.bjsports.gov.cn

　　专项活动场地大部分本质上为运动主题的城市公园，其内通过分区提供不同运动项目的运动场地，并以绿化的自然氛围将这些不同的运动内容统一成一体。因此，在空间层面可以认为是具有一定分区的"中型健身场"。其内的运动场地均为室外的标准运动场，包括篮球场、乒乓球台、网球场以及门球场等，并结合设置健身步道、全民健身路径以及儿童游戏设施等（图3-25）。虽然主体是竞技体育，但整体上大众健身的定位以及健身步道、健身广场等元素的加入，使其具有极强的"健身"主题。

　　除了专项活动场地，北京还开放了部分中小学的体育健身设施作为城市的公共健身场地。北京政府2007年在《关于学校体育设施向社会开放的指导意见》（京政办发

图3-25　北京清河燕清体育文化公园
资料来源：笔者自摄，2017.3.28

〔2007〕31号）中提出，"符合开放条件的学校，应与驻地街道（乡镇）合作，免费向有组织的周边社区居民开放"；并鼓励将校园中的一些室内的体育设施，诸如游泳馆、篮球馆等以收费的方式向市民开放。全北京市中学共计 646 所，小学 996 所，共计 1642 所（2015 年数据）。其中，共 750 所中小学开放其内的运动健身设施，占总数的 **45.68%**^{（表3-3）}。

开放的中小学体育设施主要以室外的操场（田径场）空间为主，其次为具有极大人气的篮球场；而足球场、乒乓球场以及羽毛球场也是较为主要的开放体育场地。

表 3-3　中小学体育设施对外开放体育场地类型和数量分布

	开放运动场的中小学数	操场（田径）	足球	篮球	羽毛球	乒乓球	健身
东城区	50	29	20	43	19	20	5
西城区	35	22	14	27	16	15	9
朝阳区	85	47	29	60	21	20	17
丰台区	45	42	0	3	2	1	0
石景山区	45	43	43	45	1	41	40
海淀区	100	90	20	63	7	3	0
顺义区	51	51	41	42	5	13	0
通州区	38	34	28	31	16	19	10
大兴区	50	29	20	18	5	14	4
房山区	36	35	30	31	2	11	3
门头沟区	38	1	35	38	0	1	0
昌平区	55	50	0	47	6	7	39
平谷区	57	32	40	46	21	21	3
密云区	35	34	3	34	3	33	1
怀柔区	23	22	0	3	0	0	0
延庆区	7	7	6	7	0	0	0
共计	750	568	329	538	125	219	131

资料来源：中小学体育设施对外开放资料整理自 北京体育局群众体育数据 [EB/OL]. [2017-04-24]. http://www.bjsports.gov.cn

　　需要指出的是，由于这些设施主要供学校的体育课程使用，这类健身场地往往只在中小学放学后的固定时间以及节假日和寒暑假对外开放。因此，开放的中小学运动场地并不能算是完全的开放公共健身空间，只能认为是对专项活动场地的空间补充。

　　总的来说，专项活动场地和校园开放运动场地虽然在分布上不及全民健身路径覆盖广泛，但单个规模较大，加上其内的各类运动场的引入，极大地烘托了"健身"的主题。相较于健身路径的低门槛，专项活动场地和校园开放运动场这两类"中型健身场"向大众提供了更为体系化和较为专业化的健身运动场所，在公共健身空间体系中有着同样重要的功能地位。

3. 中国公共健身空间的基础

　　当代中国的"健身场"传承了分散的布局、自由的空间和低门槛的训练内容，极大地推广了"全民健身"文化。

　　在规划层面，"袖珍健身场"类型的全民健身路径以社区为基地，通过其极高的覆盖率，为普通大众提供了最为便捷的低门槛健身运动的场所；"中型健身场"类型的专项活动场地和校园开放健身设施则在全民健身路径的基础上，提供具有一定门槛和规模的全民健身场所，形成具有特色的城市公共健身空间节点。前者满足了室外全民健身的广度，后者一定程度上提升了室外全民健身的深度和类型，两者共同奠定了"全民健身"空间规划体系的基础。

　　在空间层面，"自然"无疑是"健身场"最为突出的特点。全民健身路径深入社区，往往同小区的景观结合设置，进而将健身运动同"回归自然"、"绿色"、"健康生活"等元素相联系。专项活动场地则更为突出地直接利用城市的绿地、公园构建健身场所。"自然"的空间意象向大众传达了极为正面和积极的"健身"运动形象，构建了"全民健身"空间的基础意向。

在训练层面，上述两类"健身场"则尽可能的低门槛。全民健身路径均为极为简单的固定器械，没有任何的危险，上手也很快。而专项活动场地和校园开放健身设施则以普及率极高的篮球、乒乓球等为主。训练内容的低门槛减轻了大众参与其中的负担，同"全民健身"的目标是完全一致的，笔者认为，全民健身路径、专项活动场地和校园开放健身设施奠定了"全民健身"空间的训练体系基础。

总的来说，无论是从规划布局、空间意向还是其中的训练内容，室外的"健身场"都起到了重要的基石作用。通过密集而均衡的布局，"自然"的空间意向以及低门槛的训练项目，全民健身路径、专项活动场地和校园开放健身设施让更多的人可以参与健身运动中，推动健身运动的生活化。因此，可以认为我国当代的"健身场"是以"全民健身"为导向的公共健身空间的基础。其向最大范围的民众提供了最为基本的公共健身服务，并普及公共健身意识，为更高的公共健身空间需求奠定了基础。

第四章

健身厅

一、健身厅的产生

"健身厅"为室内的大型公共健身场所。该类健身空间的产生很大程度上受到了"健身场"运动空间和形式的影响。"健身厅"可以看作是室外的"健身场"在空间和健身训练上的室内"浓缩版"。

1. 高效健身空间的需求

"健身场"是西方近现代公共健身空间最初的空间模式。由于其采用了以室外为主的空间形式，无论是建设还是运营成本都极低，易于传播，这对于健身空间产生初期的传播和模式化的形成具有重要的意义。然而，随着模式化的完善和健身运动的普及，使用效率逐步成了"健身场"为人诟病的重要问题：受天气影响太大。"健身场"在冬天基本无法用于健身训练，而遇到雨天或是其他极端天气，健身训练的计划也会受到影响。

由于 19 世纪的健身运动同大众教育，尤其是青少年教育（法国）有着巨大的关联，教育与生俱来的"平等性"原则同健身训练在客观上受天气等不可控制因素影响的矛盾逐步凸显。法国 1853 年的教育改革提案就直接指出，由于健身教育要在法国所有地区的学校施行，考虑到不同地区的气候、降雨量都不一样，为了减少雨雪天气等给身体教育带来的影响，校园身体教育空间应当是"室内"的 [1]。而在规模上，也提出了应当可以容纳至少 50 名学生进行健身课程教育 [2]。因此，将原本分散在"健身场"的健身训练塞入室内空间的需求逐步凸显。

与此同时，随着 18～19 世纪欧洲"城市化"的进程，土地的使用开始逐步紧缩，"健身场"这种土地利用效率极低

[1] 原文为 gymnases couverts，即 coverd gymnasium，强调有遮蔽的，并非狭义的室内概念。

[2] Le Cœur M. Couvert, découvert, redécouvert... L'invention du gymnase scolaire en France (1818–1872) [J]. Histoire de l'éducation, 2004: 109–135.

（由于器械巨大，即便是在很大的面积上也只能进行少量人的训练，更不用说受限于天气的影响）的空间模式进一步受到了诟病。城市中独立的 Turnen 俱乐部也被迫采用更为高效的空间使用方式进行健身训练，"室内"成为必然的选择和发展方向。

综上所述，无论是从健身运动背后的教育需求层面所归结的"使用效率"角度，还是从其实际运营层面凸显出的"空间效率"角度，将"健身场"全面"室内化"都是必然的趋势^{（图4-1）}。事实上，早在 1816 年出版的《德式体操》中，Jahn 就提出了室内 Turnplatz 的设想：

　　　Turnplatz 也可以设置在室内，但要预留 12m（40feet）的净高。❶

在由 Jahn 创立的第一个 Turnplatz 中就在入口设置了供训练者更衣和存储健身器械的房间。而在 1818 年的 Hasenheide Turnplatz 中，这个房间被设置在整个 Turnplatz 的中心区域，同休息区相结合。到了 19 世纪 30 年代，这

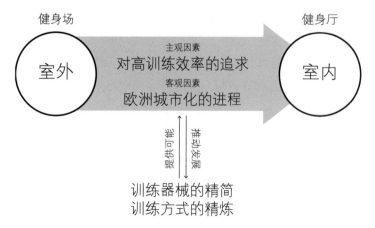

图 4-1　公共健身空间由"室外"向"室内"的发展分析
资料来源：笔者自绘

❶ Jahn F L. A treatise on gymnasticks［M］.
MA: S. Butler, 1828: 166-167.

个原本只是设置辅助功能的房间进一步扩大，形成了室内的"健身厅"，作为 Turnplatz 室外训练的空间补充；在慕尼黑 Turnplatz 和柏林中心 Turnplatz 中，已经可以清晰地看到"健身厅"的身影(图3-5、图3-8)。而在法国 Gymnase Normal 中，室内训练大厅 Main Building 更是结合古希腊柱廊庭院的空间模型，占据了整个"健身场"将近 1/3 的面积(图3-18)。

2. 训练方式的精炼

早期"健身场"的形式，很大程度上是由其训练方式和巨型的训练器械所决定的。随着德国和法国健身训练法的更新和演进，运动动作和内容不断体系化，所需的健身器械也不断合并、简化。这很大程度上为"健身场"向"健身厅"发展提供了可能(图4-1)。

首先，Turnplatz 和 Gymnase Normal 中的巨型而复杂的健身器械和训练方法逐步被合并和精简为吊绳、爬杆等更为基本的器械和训练方式。其次，一些低矮的健身器械在使用上也进一步合并精简，逐步被诸如单杠、双杠、鞍马、平衡木等较为轻便的健身器械所取代。最后，随着器械的精简和小型化，这些原本固定设置的大型器械成了小型的可移动器械，进而有了健身空间多功能使用的可能。

经过健身体系和器械的演进，原本"健身场"中的大量巨型健身器械和大片的操场被整合到了"健身厅"中。其中器械大致可以分为垂直地面和平行地面两类：前者为爬杆、爬绳等用于训练攀爬、悬挂等身体素质的运动器械；后者则为单双杠、鞍马等低矮的运动器械，并通过可移动的设计，保证大厅可进行多种不同类型训练的可能。

二、单层大空间

单层大空间的"健身厅"指只设置了一层的用于健身的室内大厅。其空间较为简洁，内部功能也较为单一。该类型的公共健身厅不仅包括法国 Gymnase Normal 中的健身厅 Main Building，也包括了在其之后，法国自 1853 年开始的长达 30 年的，在政府的支持下进行的，对校园健身教育空间的探索和研究所呈现出的空间模式。1869 年的纽约基督教青年会和中国 1907 年上海基督教青年会内的健身房也是该类型的健身空间。

1. Main Building 和 Rue Jean-Goujon

建于 Gymnase Normal 内的 Main Building 是法国室内健身空间的重要奠基石。它奠定了之后法国以健身教育为背景的"健身厅"空间基本模式。

事实上，法国的室内健身空间探索和尝试早在 19 世纪 20 年代就已经出现。建筑师 Martin Pierre Gauthier 在其诸多校园设计中，完全照搬了古希腊柱廊庭院式的健身房空间模式和训练模式 ❶。然而在实际使用中，这种以室外为主的空间和训练模式同法国本身气候并不适合，致使这些尝试影响极为有限。尽管以失败告终，但这些尝试却一定程度上普及了古希腊"室外为主，室内配合"的健身空间体系，很大程度上影响了 Gymnase Normal 的设计。这也正是 Gymnase Normal，相比 Turnplatz，室内健身厅 Main Building 无论是规模还是空间形式上都更为成熟的重要原因。

Gymnase Normal 中的 Main Building 在室内空间上借鉴了法国传统运动空间"Jeu de paume"（Palm Game）^{（图4-2）}❶。

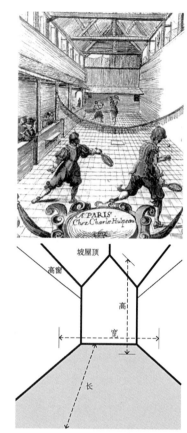

图 4-2　Jeu de paume 的场景及空间要素
资料来源：en.wikipedia.org/wiki/File: Jeu_de_paume.jpg

❶ Le Cœur M. Couvert, découvert, redécouvert... L'invention du gymnase scolaire en France (1818–1872) [J]. Histoire de l'éducation, 2004: 109–135.

Palm Game 又被称为 Real Tennis，源于 12 世纪教堂，兴盛于 14 世纪的法国贵族，可以认为是当代网球的起源。作为一个室内运动，其传统的运动场平面往往呈长条形，两侧为高墙，上方为结构和柱子，屋顶往往为坡屋顶❶。

　　关于 Main Building 内的场景，Amorós 的一位曾经的合作者 Napoléon Laisné（1810—1896）形容它是"一个破旧的大型室内飞机库，即使在冬天也可以进行紧张的训练"；地面"覆盖了一层沙土，以便多功能的使用"❷；从其"飞机库"的描述，不难推测其长方形的平面布局以及极大的室内净高，同"Jeu de paume"的空间氛围类似。此外 Main Building 立面采用了古希腊式的建筑风格和元素（图 3-19），加上整体建筑"室内 + 柱廊庭院"的基本体系，不难看出其对古希腊健身房的借鉴。1834 年，由 Amorós 本人主持开设的私人教育机构 Rue Jean—Goujon 中的室内的健身房（设计师为 François Thiollet）的设计则更为复杂。其采用玻璃的屋面这种现代的设计手法，室内净高 7m；而建筑外形完全模仿古代神庙的形式，立面有专门的雕塑和铭刻，内容完全是关于健身的需求以及课程设置等内容❶；采用这种古典的立面设置，不仅是对于古希腊健身文化的呼应和致敬，也是对于健身文化本身的宣传和渲染。

　　从室内健身房的视角来看，Amorós 自 Gymnase Normal 中的 Main Building 以及之后的 Rue Jean-Goujon 明确的借鉴了法国传统"Jeu de paume"室内场馆的模式：单层的大厅，长条形的平面配以高的净空。而外型则融合了古希腊的建筑元素和形式。这些实践，尤其是对于"Jeu de paume"的借鉴，对于法国之后室内健身空间发展指明了方向。以这种空间为基础，在 Gymnase Normal 之后，法国城市中出现了一

❶ Le Cœur M. Couvert, découvert, redécouvert... L'invention du gymnase scolaire en France (1818–1872) [J]. Histoire de l'éducation, 2004: 109–135.

❷ Laisné N A. Observations sur l'enseignement actuel de la gymnastique civile et militaire [M]. L. Hachette, 1870: 4.

些以室内为主的健身俱乐部，极大地推动了法国由 Amorós 提出的健身体系的普及和传播的同时，也进一步奠定了 "Jeu de paume" 模式下单层大空间 "健身厅" 模式在法国公共教育健身空间的根基地位。

图 4-3　Laisné 早年主持设计的健身房
资料来源：http://massageyonne.free.fr/massage/massokine.html

　　然而，这种单层大空间的 "健身厅" 在实际使用中，空间质量是极为低下的。同 Turnen 和 Turnplatz 相比，Amorós 的健身体系中，有大量竖向的训练动作，如悬挂、攀爬等，正是因此，其也被称为 "Monkey Gymnastics" ❶；相应的，Amorós 体系的健身房会配置大量用于悬挂训练的器械，如秋千、吊架、绳索、爬梯等（这种对于悬挂的训练模式的重视在之后几节中，Laisné 的 "第一教室"、"第二教室" 的校园健身房设计中能够清晰看到）。为了减少受伤的概率，健身房的地面会铺设大量木屑增加缓冲；类似的做法在古希腊的健身房中也有采用。然而在实际状况中，由于管理等因素，这些木屑 "从来不会更换，所以积满了灰尘和其他的碎屑" ❶，致使整个健身房空间非常脏。此外，健身房墙面往往会设置大量的玻璃窗以保证照明，因此，"冬天非常寒冷而到了夏天就成了一个烤箱" ❶；一位曾经在 Amorós 的健身房中训练过的健身者甚至认为，"自己的风湿病同 17 岁在这个健身房中健身有很大的关联" ❶。由此可见，19 世纪初，法国的单层 "健身厅" 的健身环境饱受诟病。

2. 儿童医院社区健身房和第一、第二教室

　　儿童医院社区健身房（Enfants malades）是法国 1853 年提案之后，政府希望将其作为校园标准健身房空间模式参照的健身空间案例。其建于 1852 年，同次年建造的妇女救济院（Salpétrière）一样，均由教育家 Alexandre Laisné Napoleon

❶ Desbonnet E, Chapman D. Hippolyte Triat [J]. Iron Game History, 1995, 4(1): 4.

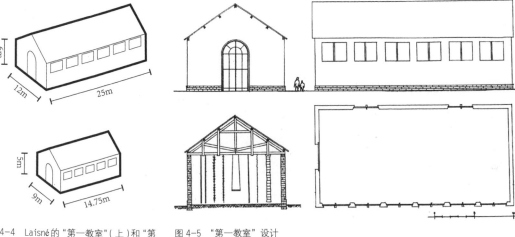

图4-4 Laisné 的 "第一教室"（上）和 "第
二教室"（下）校园健身房设计方案
资料来源：笔者自绘

图4-5 "第一教室" 设计
资料来源：Le Cœur M, 2004.

主持，因此两者基本上是完全一致的室内空间^{（图4-3）}。

这两个建筑没有太多借助建筑师的帮助，因此在空间上简洁而纯粹，可以认为就是一个单层的"大仓库"。而外观上，不同于前辈 Amorós 采用古希腊的意象力求对健身文化进行渲染和宣传，儿童医院社区健身房更偏功能性，采用了较为现代的简洁设计手法，同周边建筑形成了较大的对比。除此以外，两个建筑还兼顾了一定的治疗和康复功能，并可兼用来举行一些娱乐活动，具有多功能的功能属性 ❶。由此可见，随着身体教育的深入和健身文化的逐步普及，健身空间不再需要担当"宣传"健身文化的社会任务，而可以进一步向实用发展；与此同时"多功能使用"的需求也逐步突显。

在当地政府的邀请下，秉承他对于社区健身房的理解，依照儿童医院健身房的设计，Laisné 于同年 4 月底向政府提交了他的两个中学健身训练空间的设计，分别命名为"第一教室"和"第二教室"^{（图4-4、图4-5）}。

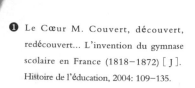

❶ Le Cœur M. Couvert, découvert, redécouvert... L'invention du gymnase scolaire en France (1818–1872) [J]. Histoire de l'éducation, 2004: 109–135.

"第一教室"在规模上同儿童医院健身房相近，是一个非常简洁的坡屋顶建筑。长向为 25m，宽 12m，平面上是一个标准的长方形。入口位于山墙面，为一个 6m 高的木质拱门设计。两个长向立面开高窗，一侧开 6 扇双开窗户，另一侧开 2 扇。健身房室内净高为 6m，内部没有柱子和隔墙，是一个完整的大空间；其内没有设置大型的固定的器械，只有从木屋架上悬挂了多条可攀爬的绳索，可以供青少年用于攀爬训练。"第二教室"同"第一教室"在模式上是完全一样的，只是建筑体量略小，长 14.75m，宽 9m，室内净高也只有 5m。规模不同的两种尺寸带来的造价也不同："第一教室"的造价估算为 17114.68 法郎，而"第二教室"的造价估算为 8594.69 法郎，约为前者的一半 ❶。

第一教室、第二教室中长条形的平面、两侧的高墙以及坡屋顶，处处都留有 Jeu de paume 球场的影子；室内在尺度上比起球场更宽，1 : 2 的平面尺度也可以应对更多不同类型健身训练以及其他类型功能的需求。然而，同之前 Amorós 的多个实践不同的是，Laisné 没有提出与其空间相配套的健身教育体系以及相应的训练器械；这使得 Laisné 的公共健身空间实践有些失去了焦点；虽然是面向青少年的健身教育专门的设计，但过于简单的大厅，空间层面上与健身教育的关联很弱，反而更像是一个室内球场。

可惜的是，"第一教室"和"第二教室"的设计提交后，政府并没有将其推广开。这一标准健身房模式的探索最终只停留于设计层面。

3. 钢结构的帐篷

1854 年末，虽然 Laisné 的 "第一教室"和"第二教室"

❶ Le Cœur M. Couvert, découvert, redécouvert... L'invention du gymnase scolaire en France (1818–1872) [J]. Histoire de l'éducation, 2004: 109–135.

图 4-6 19 世纪中火车站的"钢结构帐篷"意象
资料来源：https://it.wikipedia.org/wiki/File: Milano_Stazione_Centrale_1865.jpg

提案无疾而终，但政府并没有停止身体训练方面的尝试。建筑师 Louis-Joseph Duc（1802—1879）应邀加入到法国身体教育空间的探索研究中。

政府主持该项目的负责人 Hippolyte Fortoul 在给 Duc 的邀请信中，没有再以 Laisné 的儿童医院作为参照案例，而是提出，健身空间可以以一个"遮蔽物"的形式存在，如类似雨棚或是有顶的庭院等空间意象，而非之前提出的完全的"室内建筑物"；他认为，健身空间可以像"火车站台"一样，做一个金属的帐篷，不需要周围的墙体❶；而"钢结构的帐篷（tente）"和"雨伞（parapluie）"则被多次提及。这份邀请信反映了 Fortoul 在理解政府 3 月 13 日政策中"室内健身房"中的"室内"（法语 couverts）一词具体含义时的左右不定❷。

火车虽然最早于 1804 年由瓦特发明，但直到 1840 年 2 月 22 日第一列真正在轨上行驶的火车才被设计出来；19 世纪 50 年代初，随着火车的快速传播，在法国，钢结构的火车站台也自然地成为工业现代化的象征；而这种有遮蔽的钢结构棚架也成为当时的一种流行的建筑形式（图 4-6）。不难理解，Fortoul 认为，如果在 Amorós 于 19 世纪 20 年代的室外健身场上加上"流行"的钢结构棚架作为遮蔽，形成的半室外的空间可以成为一种"时尚"且容易推广的健身教育空间模式。对于钢结构的"狂热"加上"帐篷"或"雨伞"这样正面的空间隐喻，"钢结构的帐篷"成为政府提供的校园的身体教育空间的重要空间参照。

Duc 部分接受了这一极为明确的空间意象，希望在 Laisné 的基础上，通过一个统一的尺寸进行校园标准健身房的设计；然而，Duc 并不完全同意政府"钢结构的帐篷"的

❶ 原文为 on pourrait, comme dans les gares de chemin de fer, établir une simple tente en fer sans parois latérales（Le Cœur M, 2004）

❷ Le Cœur M. Couvert, découvert, redécouvert... L'invention du gymnase scolaire en France (1818–1872)[J]. Histoire de l'éducation, 2004: 109–135.

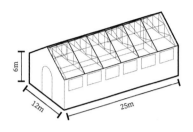 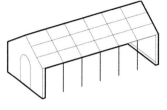 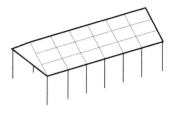

图 4-7　Duc 的 3 个校园健身房设计方案
资料来源：笔者自绘

空间意图，认为一个简单的金属帐篷不能够满足学校身体教育的所有需求。因此他给出了 3 种健身教育空间模式。三种校园健身房空间模型均采用了同 Laisné 的第一教室和儿童医院健身房的一样尺寸：长 25m，宽 12m，高 6.5m，可见 Duc 对于 Laisné 研究成果的尊重与继承。材料上也基本保持统一，虽然是钢结构，但使用的很有节制，并大量结合了传统的木质框架结构，以"便于传播，减少成本"。在空间层面，Duc 的方案 1 是一个完全室内的健身房。夏天，屋面框架可以完全敞开，进而形成完全室外的空间氛围；而冬天可以通过人工供暖保证运动温度；非常类似 Laisné 的第一教室设计。方案 3 则完全是 Fortoul 提出的"钢结构的帐篷"。方案 2 的设计是两者的中和，试图利用可拆卸（移动）的墙面，形成了可变的空间：在冬季是一个室内的空间，而到了夏季可以移开墙面形成一个半室外的"帐篷"空间❶（图4-7）。这样的设计保留了"回归自然"的健身教育空间的初衷，也保证了在天气条件不适宜的时候依然可以进行健身训练❷。在造价的估算上，方案 1 为 16706.44 法郎，同 Laisné 的第一教室类似；方案 3 因仅是一个室外的金属帐篷，最为便宜，仅为 11068.42 法郎；方案 2，作为 Duc 最推崇的方案，因其可变的设计，造价略高于方案 1，为 18586.07 法郎❸。

　　这 3 个方案得到了 Fortoul 的高度肯定，认为它"能够很好地满足校园身体训练的空间需求"❸，但针对其

❶ 法语原文为法语原文为 couvert et fermé par des châssis mobiles qui s'enlèveraient et le mettraient en plein air pendant l'été（Le Cœur M, 2004）

❷ 这种建筑方式最终在 1931 年由建筑师 Beaudouin 和 Lods 在 l'École de plein air de Suresnes 中得以实践。

❸ Le Cœur M. Couvert, découvert, redécouvert... L'invention du gymnase scolaire en France (1818–1872) [J]. Histoire de l'éducation, 2004: 109–135.

25m×12m×6.5m 的规模提出了质疑。针对这个问题，Duc
也提出了相应的通过结构调整来增加跨数、长度的设计方
案。1855 年 9 月 29 日，Duc 向 Fortoul 提交了 3 个方案的
最终的细化设计图纸，并准备向总统汇报进而全面推广和实
施。然而不幸的是，正在这个关键的时刻，Fortoul 于 1856
年 7 月逝世，该项目被迫搁置。

在空间层面，Duc 设计的 3 个校园健身房方案并没有完全
跳出 Laisné 的儿童医院健身房的模式，从其尺寸对于后者的直
接借鉴就不难看出；钢材的使用也一定程度上呼应当时流行
建筑做法。最为独特的是，Duc 的方案重新对"室内"的概念
进行了思考：单纯的室内虽然在冬天和雨天非常实用，但在
夏天却阻隔了接近自然的机会，因此采取了"可变式"的逻
辑进行建筑的设计；方案 1 中可敞开的屋面，方案 3 较为极端
的"帐篷"，以及方案 2 可拆卸的墙面，都反映出 Duc 对于校
园健身房空间的独特的理解。

4. Louis le Grand 中学新健身房

自 1853 年开始的法国校园标准健身房探索进行的同时，
法国各个校园也在自发地进行校园健身房的空间实践，其
中有很多并没有依照 Laisné 和 Duc 的设计思路。1868 年的
Louis le Grand 中学新健身房就是其中最具代表的案例。

1868 年的 Louis le Grand 中学新健身房[图4-8]的建筑师是
Laisné 的同事 Thomas。该健身空间为单层的大厅，呈类似正方
形布局，约 30 米见方；室内的面积约 850 平方米；整个健身
房的入口设置在短边的中央。室内的其中一边设置一个稍微高
起的舞台，而其余 3 边为小型看台，这样设置使得这一较大规
模的室内空间除了健身教育，还可以进行集会、音乐会、颁奖

典礼等，以多功能使用来减少经济成本。健身房的中心位置设置了一个复杂的健身器械，在这个金属的方形框架下，设置了多个爬梯、绳索，供青少年进行各种类型的攀爬和悬挂运动。在中心的器械四周一圈的区域，还零星布置了传统健身体系的双杠、单杠、鞍马、平衡木等运动器械（图4-9）❶。

不难看出，该健身房完全没有遵循 Laisné 和 Duc 由 "Jeu de paume" 球场空间衍生出的长方形模式，类正方形的布局更易于空间的多功能使用；同时，健身房中大型针对性的健身器械的出现，也暗示身体训练体系的成熟。

在空间层面，Louis le Grand 中学新健身房和 "Jeu de paume" 球场模式的差异的背后正是政府对于校园健身房 "标准化" 的误读。建筑师 Charles Le Cœur 在 1868 年负责校园健身房规范化工作❷后认为，不应当对校园健身房的尺寸、器械等做强制的过于细致的规定和控制，而应当进一步明确校园健身房的实际需求，进而为每一个健身房的建设给予提示❸。基于这样的思考和理念，他于 1868 年 6 月完成了 2 个中学健身房设计方案，并向政府进行了展示。与之前的 Laisné 和 Duc 不同，虽然 2 个方案都是单层的室内大厅，但并没有对大厅本身空间的尺度、规模等加以限制，每一种模式根据健身房的不同建筑规模，不同的建造方式（独立建造、一边倚靠现有建筑或是两边倚靠现有建筑）都有 9 种不同的版本。由此可见，Cœur 的思路更偏向于创造一种健身房的模式而非确定的 "固定" 设计方案。Cœur 的 2 种模式的主要差别主要表现在材料的使用上：模式一健身房建筑采用了木结构，只有局部使用钢材增加建筑强度，以减少整体造价；模式二则是以钢结构为主，少数结合运动器械设置木头材料，因此同模式一相比在形体上更为突出❸。同时，Cœur

图 4-8　Lycée Louis le Grand 健身房室内场景
资料来源：Le Cœur M, 2004.

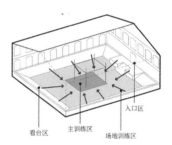

图 4-9　Lycée Louis le Grand 健身房轴测示意
资料来源：笔者自绘

❶ Le Cœur M. Couvert, découvert, redécouvert... L'invention du gymnase scolaire en France (1818–1872)［J］. Histoire de l'éducation, 2004: 109–135.

❷ Le Cœur M, d'Orsay M, des Musées Nationaux R. Charles Le Cœur (1830–1906), architecte et premier amateur de Renoir［M］. Éditions de la Réunion des musées nationaux, 1996: 59–77.

❸ Le Cœur M. Couvert, découvert, redécouvert... L'invention du gymnase scolaire en France (1818–1872)［J］. Histoire de l'éducation, 2004: 109–135.

还提出了装配式的实施模式，即将校园健身房的功能对应空间分成不同的部分，分别制造，并最终按需组装形成针对不同学校需求的校园健身房。可以认为，Cœur 的想法是极为超前的，将工业装配生产的思想引入了建筑设计中，通过模式化的成品生产降低成本，开辟了校园建筑"预加工—组装"的建造思路。

Cœur 的思路最终于被政府接受。1872 年，政府相关负责人承认，"进行全国健身房模式的探索也许并不必要，每个校园健身房都应该根据自身的实际需求和条件进行独立的设计和建造"❶。这标志着法国校园"标准"健身房探索的结束了。

法国将近 20 年自上而下的校园"标准"健身空间探索最终以失败告终，究其原因，还是同其极其紧密的教育背景有关。同 Gymnase Normal 采取"集中式"类似，"标准平面"的探索只不过稍进了一步，承认了区位的"分散"，但内容依然是"集中"的。这种"集中"源自政府对于健身空间服务的青少年教育"平等"原则的苛求：只有散落在全法国的校园健身房都采用一个"完美"的平面布局，才能保证健身教育在全法国的平等和均衡。正是这种过分的强调，导致多轮"标准"健身房的探索局限在设计层面，几乎无法实施。尽管如此，"标准"健身房的探索历程依然标志着校园身体教育在法国的不断普及和发展的逐步成熟。在其中，从最初的 Gymnase Normal 的大型国家规模的公共健身空间探索开始，以单个中小学为基地的基于青少年教育的身体教育空间探索就一直在自下而上地引导着整个社会身体教育的发展方向，政府的介入起到了推动和鼓励的作用，并提升了诸多优秀的校园健身房案例的影响力，对于整个法国校园健身房的

❶ Le Cœur M. Couvert, découvert, redécouvert... L'invention du gymnase scolaire en France (1818–1872)［J］. Histoire de l'éducation, 2004: 109–135.

空间向着更高质量发展有着重要的意义。

虽然，寻求以一个设计或是几个设计来满足全法国不同校园的身体教育需求现在看来本身就是不成立的，但 Laisné、Duc 以及 Cœur 的"单层大厅"的校园健身房模式的提出都具有极强的代表性，是一段时间校园健身房空间发展的总结，极大地推动了公共健身空间由"健身场"向"单层健身厅"的转变；这些设想虽然大多没有真正实施推广，但依然具有极为重要的历史意义。

5. 纽约基督教青年会会所健身房

如第二章所说，美国基督教青年会会所本身对于健身训练是不齿的，而对于 Turnhalle 健身空间的引入完全是其在德国社区用以"提升社区吸引力"的商业策略。因此，在第一个自主设计建造的会所——纽约基督教青年会会所中的健身房并没有受到决策者很大的重视，没有经过特别的设计，整体呈现了极为"简陋"而随意的单层大空间模式。

图 4-10　1869 年纽约青年会新会所
资料来源: Rockwood, Harper's Weekly, October 23, 1869, New York: Harper & Brothers.

纽约基督教青年会会所于 1869 年 12 月 2 日完工，由建筑师 James Renwich Jr. 设计，位于第四大道和 23 街的路口转角处，是一个古典主义建筑。整个建筑长约 200 英尺（61m），宽约 100 英尺（30.5m）❶，高 5 层，2 个面向街道的立面均为三段式的对称设计，入口位于长边的中间，立面通过凸出形成入口的强调；建筑外形上同周边古典主义的建筑非常协调一致（图 4-10）。

作为第一个自主建造的青年会建筑，在大量青年会工作的经验基础上，纽约基督教青年会会所内设置了诸多功能。一层 2/3 的面积出租为对外的沿街店铺。二层至五层为会所功能，其中二层为会所的入口层，设置了接待区、办公

❶ 数据来自 google map。然而 Paula Lupkin 提到其在第 23 街面长 300 英尺（It extended 300 feet down Twenty-third Street.）（详见 Lupkin P, 2010: 49），同现状建筑遗存并不一致，故不予采纳。

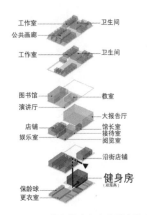

图 4-11 1869 年纽约青年会会所中健身房区位

资料来源：Lupkin P, 2010: 插页

图 4-12 1869 年纽约青年会会所中健身房内部场景

资料来源：Lupkin P, 2010: 60.

室、会客厅、阅览室以及一个 2 层高的演讲大厅（兼做音乐厅）；三层设置了小型的演讲室和教室以及一个 2 层高的图书馆；四层和五层设置了一些小型会谈室和教室，以及一个公共的艺术画廊。健身区并没有放置在二至五层的会所部分，而是设置在了地下一层，包括了一个 2 层高的健身房，一个保龄球场一个更衣室卫生间，规模为整一层的面积 ❶ (图 4-11)。从这样的空间布局中不难看出，在纽约青年会会所中，健身房的地下室的区位以及其同会所其他功能完全分开的功能布局方式，都在暗示着美国基督教青年会对于健身空间的不看重，认为身体训练在青年会诸多功能中处于绝对次要的地位。

细看其地下室健身房空间。1869 年纽约青年会会所中健身房位于演讲大厅的正下方，通过会所入口旁的另一个楼梯可直接进入地下健身房。因为占据了 2 层的高度，所以室内净高约 7m；然而平面上只占整个建筑的 1/3 不到的面积，约为 20m×30m，依然较为拥挤 (图 4-12、图 4-13)。健身房内结合结构柱设置了单杠，同时还从室内屋顶上悬挂了诸如吊环、

❶ Lupkin P. Manhood Factories: YMCA Architecture and the Making of Modern Urban Culture [M]. U of Minnesota Press, 2010: 插页.

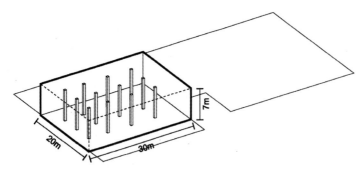

图 4-13　1869 年纽约青年会会所健身房轴测示意
资料来源：笔者自绘

绳索等运动设施，除此以外，还有一些可移动的双杠、鞍马等。通过运动器械不难看出，青年会在健身体系上完全照搬了 Turnen。但在空间上，并没有照搬经典的 Turnhalle 的双层高空间设计，而是极为"粗糙"的在这个地下室的大空间中将运动器械"随意"布置，即便是同前文法国的单层大空间"健身厅"相比，都显得"简陋"而缺乏秩序。这是美国青年会会所首次尝试引入健身房功能，缺乏运营健身房的经验，因此在其刚开始运营时曾邀请杂技表演者来教授杂技，之后逐渐向系统的身体训练转变，直到 19 世纪 70 年代末，才正式引入了德国和瑞士的身体训练教学系统 ❶。

图 4-14　美国青年会早期健身房场景
（波士顿青年会，1872-1883）
资料来源："YMCA gymnasium in the Tremont Building, Boston", KAUTZ FAMILY YMCA ARCHIVES, University of Minnesota.

　　1869 年的纽约青年会会所中的地下室健身厅，取得了极佳的社会反响，甚至抢了青年会会所地面层教育、演讲等功能的风头；虽然青年会提供了同当时大学教育类似的诸多课程教育，具有极大的社会影响力，然而，更多的青年人只是"在入口登记后直接从另一个楼梯走到地下室，参与到他们更为热衷的保龄球和健身活动中"❶。这一局面的出现显然一定程度上偏离青年会试图"通过健身运动提高对青年吸引力进而推广其教育项目"的初衷。从健身文化的层面来看，这反映出健身运动在当时美国社会中对于青少年的巨大吸引

❶ Lupkin P. Manhood Factories: YMCA Architecture and the Making of Modern Urban Culture［M］. U of Minnesota Press, 2010: 59-60.

力以及巨大的社会需求和发展潜力。虽然从空间层面，这样一个地下室健身房是极为"简陋"的，但这一尝试的成功为之后青年会大规模普及健身房打下了坚实的实践基础。

6. 上海基督教青年会四川中路会所健身房

上海基督教青年会成立于 1900 年，最初会所位于苏州南路 17 号。同年 10 月搬至南京路 10 号。随着会员逐渐增多，到 1903 年，青年会会所已经无法提供足够的空间。同年 7 月，青年会会所搬至北京路 15B 号。多次搬迁的麻烦，加上随着资金、造价、购地等难题的解决，促使青年会委员会最终决定在上海建造属于青年会自己的会所建筑[1]。四川中路会所 1905 年正式开工，并于 1907 年落成使用，其中包括了一个用于演讲的礼堂和室内的健身房[2]，后者正是中国第一个室内健身房[3]。从狭义角度（指狭义的西方语境中的"健身"概念）来看，该会所可以认为是中国第一个公共健身空间。1915 年，会所二期童子部建成（图 4-15），其内的游泳池是上海市第一个室内游泳池[4]。该会所建筑保留至今，现为上海浦光中学（图 4-16）；而浦光中学前身正是青年会于 1901 年开办的日校。2005 年，该建筑被评为第四批上海市优秀历史建筑。

四川中路会所一期建筑是一幢较典型的新古典主义建筑（图 4-17、图 4-18）。建筑师爱尔德洋行（Algar & Beesley）是当时中国唯一对青年会有所了解的建筑师事务所之一[5]。该建筑限于造价，只有 3 层，规模较小，没有采用美国基督教青年会的新古典主义建筑中常见的三段式立面设计。建筑立面材料以清水砖墙为主，涂有红色涂料；只有入口区域采用了石材，这也是为了减少整体造价而做出的妥协。正立面除去最北边一跨，其余部分是对称的设计。底层有五个尺度较大的拱形门洞，带券心

[1] 张志伟. 基督化与世俗化的挣扎：上海基督教青年会研究，1900-1922（第二版）[M]. 台北：台湾大学出版中心，2010.

[2] 上海中华基督教青年会全国协会. 中华基督教青年会五十周年纪念册：1885-1935 [M]. 上海：中华基督教青年会全国协会，1935: 128-129.

[3] Jarvie G, Hwang D J, Brennan M. Sport, revolution and the Beijing Olympics [M]. Berg, 2008: 27.

[4] 参见"第四节 上海基督教青年会和女青年会"（上海市地方志办公室，http://www.shtong.gov.cn/node2/node2245/node75195/node75204/node75304/node75318/userobject1ai92061.html）

[5] Wright A. Twentieth Century Impressions of Hongkong, Shanghai, and other Treaty Ports of China: their history, people, commerce, industries, and resources [M]. Lloyds Greater Britain Publishing Company, 1908: 632.

图 4-15 上海四川中路会所一二期用地
资料来源：张志伟，2010：324.

图 4-16 浦光中学外立面
资料来源：笔者自摄，2015 年 8 月

图 4-17 四川中路会所一期建筑主立面
（1938）
资料来源："Scechuen Road, ca. 1938",
KAUTZ FAMILY YMCA ARCHIVES, University
of Minnesota.

石。二至三层为黑色钢窗，窗套三至四层的线脚强调了竖向线条。值得一提的是，底层单侧为 2 跨，而二三层单侧为 3 跨，设计上有意的错开，给予了立面一定的趣味和变化。建筑入口处有被打断的白色三角形山花装饰和方形爱奥尼克柱式，形成立面的视觉中心。总体来说，整个立面风格同当时上海租界早期西方建筑事务所的建筑风格是完全一致的[1]。

　　建筑在设计上限于经费以及其他客观条件，做出了诸多妥协。首先，1869 年纽约的青年会会所设置了地下室用于健身房空间；而由于上海土地是由"泥沙冲积成陆的软土地基"[1]，对于地下室的建造方式、技术难度和花销同纽约完全不同，致使最终无法直接照搬纽约青年会的内部功能布局将健身空间放置在地下室。其次，虽然内部功能参照纽约等美国青年会会所案例，但当时上海青年会的教育和演讲活动最受欢迎（图4-19），而对于体育健身的需求还未出现，加上殉道堂委员会与青年会达成协议，希望能够建造一个公用的礼堂，因此原本设计的"包含室内跑道的大型室内健身空间"被取代[2]（图4-20）。这些最终导致上海青年会的健身房被压缩到了一个单层的小房间中，甚至都不能算是"大厅"，同诸如沙龙、教室、寄宿舍、沐浴室、弹子房、游戏室、手球房等[3]等功能共同位于二至三层的建筑空间中。

[1] 娄承浩，薛顺生. 老上海营造业及建筑史［M］. 上海：同济大学出版社，2004：37, 60.

[2] 张志伟. 基督化与世俗化的挣扎：上海基督教青年会研究，1900-1922（第二版）［M］. 台北：台湾大学出版中心，2010：313, 321.

[3] 参见"第四节 上海基督教青年会和女青年会"（上海市地方志办公室，http://www.shtong.gov.cn/node2/node2245/node75195/node75204/node75304/node75318/userobject1ai92061.html）

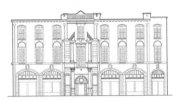

图 4-18 四川中路会所一期建筑主立面图 (1938)
资料来源：笔者自绘

图 4-19 四川中路会所门厅阅览室
资料来源："YMCA Lobby, Shanghai, China (Men's Building)", KAUTZ FAMILY YMCA ARCHIVES, University of Minnesota.

图 4-20 四川中路会所中原本设计为健身房的殉道堂 (1913)
资料来源："China Continuation Committee meeting in the Martyrs' Memorial Hall, Shanghai YMCA building, 1913.", KAUTZ FAMILY YMCA ARCHIVES, University of Minnesota.

图 4-21 上海青年会童子部室内游泳池
资料来源：宋如海，1935: 59-60.

上海基督教青年会内的健身房因造价等客观因素在空间上大大缩水，很大程度上同纽约青年会地下室健身房的"简陋"类似，都是青年会决策者对大众的健身需求的错误估计所导致。上海青年会会所受到了上海民众的追捧，而其内的健身房则是使用频率最高的功能之一●；这促使了二期童子部的建造和对室内游泳池的引入（图 4-21）。

虽然在空间层面，上海青年会会所健身房是极为"简陋"的，但作为中国健身文化发展的先行者，上海青年会会所健身房的成功凸显了在中国"健身"运动的巨大的群众基础和热度，健身空间的建造开始受到中国基督教青年会的重视。在随后建造的北京和天津基督教青年会中，美国"跑马廊"模式的标准基督教青年会健身房空间正式被引入中国。

三、多层高空间

多层高空间的"健身厅"指室内两层规模的健身厅，最为重要的健身训练区通过吹拔空间模式形成高空间。相比单

● 张志伟. 基督化与世俗化的挣扎：上海基督教青年会研究，1900-1922（第二版）[M]. 台北：台湾大学出版中心，2010: 313, 321.

层大空间，多层高空间的"健身厅"二层走廊或是房间的加入增加了整个"健身厅"的空间层次。该类型的"健身厅"主要包括德国本土和美国的 Turnen 训练大厅——Turnhalle。

1. 德国 Turnhalle

Turnhalle 又作 Turnhaus，即 Turnen Hall，是专门用于 Turnen 训练的大厅。随着城市中 Turnen 俱乐部的形成，这种由原本 Turnplatz 的"健身场"浓缩而成的室内 Turnen "健身厅"开始流行。汉堡 Turnhalle（Turnhalle der Hamburger）就是发展初期最具代表的 Turnhalle 案例（图4-22~图4-24），一些研究者也认为这是第一个成熟的 Turnhalle[1]。

《Einleitung zur Einrichtung von Turnanstalten für jedes Alter und Geschlecht》对 1849 年新建的汉堡 Turnhalle 有如下的记载：

> 这个成立于 1816 年的健身房于 1849 年建造了其新的会所，同年 11 月 25 日正式开业。该建筑长 34m，宽 19m。其主入口位于窄边，且为 3 扇设置，中间一扇最大。入口正对的另一个窄边则伸出了一个八角形的塔，用作攀登；这个塔凸出墙面 4.2m，宽为 8.2m。

> 这个健身厅为 2 层，下面一层为一个大空间，只是有一些柱子加以阻隔；该层是特别用于团体操课使用。柱子中有一颗位于正中间并直接联通至屋顶并不支撑任何墙面，高 14m；这个直通屋顶的高空间为一个八角形的塔，其屋顶的下檐也比其他部分的屋脊高 1.2m。二层的空间包括了一个击剑室，位于入口上分；击剑室向外略微挑出形成阳台，宽为 10m。室内由 2 个楼梯用于连同上下层[2]。

[1] 参见 "Das Sportartikel News-und Presseportal"（http://www.spoteo. de/wissen/technologie/geschichte_12_ Deutschlands-erste-Turnhalle.html，2016 年 6 月）

[2] Angerstein W. Anleitung zur Einrichtung von Turnanstalten für jedes Alter und Geschlecht: nebst Beschreibung u. Abb. aller beim Turnen gebräuchl. Geräthe u. Gerüste mit genauer Angabe ihrer Maße u. Aufstellungsart [M]. Haude u. Spener, 1863: 77, 86, 88.

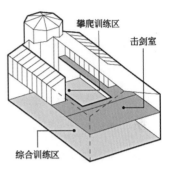

图 4-22　汉堡 Turnhalle

资料来源："Hamburg-Sankt Georg, Turnhalle der Hamburger Turnerschaft von 1816, 1849-1866 erbaut von J.Th. Hardorff"，32035588, Deutsche Fotothek（http://www.deutschefotothek.de/）

图 4-23　汉堡 Turnhalle 轴测

资料来源：笔者自绘

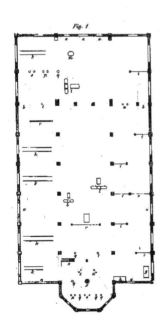

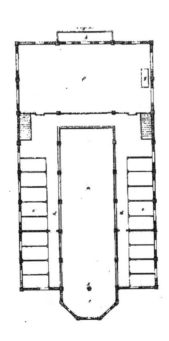

图 4-24　汉堡 Turnhalle 平面图和剖面图

资料来源：Angerstein W, 1863: Tafel 4.

汉堡 Turnhalle 的设计考虑了 Turnen 健身体系包含的诸多训练法，尤其是针对攀爬类型的训练内容设计了"高"的空间；同时也设置了用于当时较为大众化的击剑运动的房间。整体来说，该建筑是一个具有一定规模的大空间；两层的设计在不破坏其大空间的前提下，创造了同时进行不同训练的可能；然而，这样空间的实际使用效率并不高 [1]。

同时期的柏林 Kluge's Turnhalle 也是当时具有代表性德国 Turnhalle，由体能教师 Kluge 主持建造。

> 由体育健身教室 Kluge 主持的 Turnhalle 于 1857 年 4 月 1 日正式开张。这也是较新的健身设施之一。他们包含了一个可以容纳 50~60 名学生进行身体教育的大厅……这个 Turnhalle 长 24.3m，宽 6.9m，室内高度为 5.2m [1]。

柏林 Kluge's Turnhalle 相对于汉堡 Turnhalle 更为简洁。整个建筑平面布局为约 **24.3m×6.9m** 的矩形，室内高度为 **5.2m**(图4-25)。建筑内部除了在入口处设置了设备间和休息室 2 个房间，相应二层处设置了看台，剩余的空间就是一个通高的大厅。大厅中，沿长向墙面陈列了垫子、哑铃等训练器械以及衣架，而在远离入口的尽端设置了用于攀爬的立杆等器械。整个大厅内部没有设置立柱，然而在地面预留了洞，用于插入不同类型的立杆和其他运动器械进行相应的训练；这种可临时设置的器械极大地提高了 Turnhalle 的空间利用率。除此以外，建筑的屋面设置了 3 个采光井，引入天光为训练提供充足的光照条件。

19 世纪中叶，德国本土的 Turnen 俱乐部以更小规模但更为集中的 Turnhalle 形式蓬勃地在城市中扩张传播，成为面向大众的最为重要的公共健身空间。Turnhalle 本身空间虽无太多的规范和控制，上述汉堡 Turnhalle 和柏林 Kluge's

❶ Angerstein W. Anleitung zur Einrichtung von Turnanstalten für jedes Alter und Geschlecht: nebst Beschreibung u. Abb. aller beim Turnen gebräuchl. Geräthe u. Gerüste mit genauer Angabe ihrer Maße u. Aufstellungsart［M］. Haude u. Spener, 1863: 77, 86, 88.

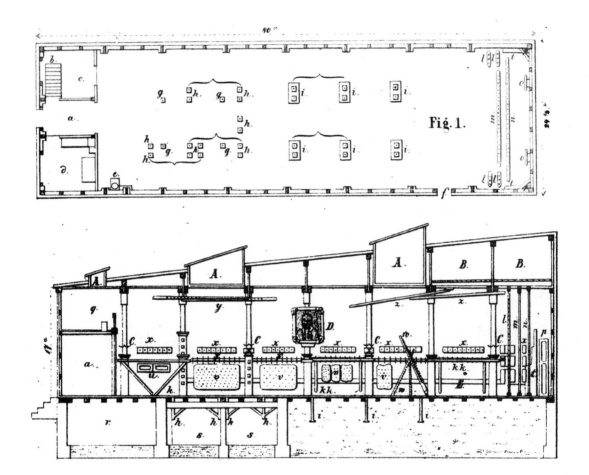

图 4-25 Kluge's Turnhalle 平面布局
（上）和剖面图（下）
资料来源: Angerstein W, 1863: Tafel
2-3.

Turnhalle 在空间形态上也有着诸多的区别，但整体来看，Turnhalle 都是 2 层的大空间，平面呈长条形。作为专门用于身体训练的空间，其功能定位较为单一，主要用于团体的健身训练。核心训练区位于一层，并配以通高的吹拔空间；二层面积较小，设置看台或少量训练用教室；训练区中部分利用吹拔区域设置用于攀爬等运动方式的爬梯、吊绳等固定器械，剩余区域留空，用于团体身体训练，也可通过搬入单双杠、鞍马等运动器械进行专项训练。至此，原本散落在 Turnplatz "健身场" 中的各种训练项目和复杂的大型器械最

终在 Turnhalle 的双层"健身厅"中得以归纳和优化，并基本
定型至今。

德国的 Turnhalle 在 19 世纪后半叶传入英国，其空间基
本上延续了两层高空间的"健身厅"模式，以 1865 年的位于
St. Pancras Road"德国健身房"（The German Gymnasium，
实为一座德国人经营的 Turnhalle，^{图4-26}）为例。在这个
两层的高空间中，二层走廊、可移动器械以及天光这些元
素在这座健身房中都可以清晰的找到。同时代的 Liverpool
Gymnasium ^{（图4-27）}也是类似的空间形态。然而，Turnhalle 的
影响力在当时由竞技体育主导的英国社会影响极其有限，并
没有引起大规模的社会风潮。

图 4-26 英国 St. Pancras Road 德国健身房
资料来源：http://www.architecturalrecord.com/articles/11721-the-german-gymnasium-by-conran-and-partners

图 4-27 英国 Liverpool Gymnasium
资料来源：Alexander A, 1887: 插页

2. 美国 Turnhalle 社区中心

1848 年随着流亡美国的大批德国人形成"德国社区"，
Turnen 的健身运动 Turnhalle 的健身和空间模式也被引入美
国。美国第一个 Turnhalle 是 Cincinnati Turner Hall ^{（图4-28）}，
其建筑外观较为简洁低调，部分细节上保留了德国的新古典
主义风格，但整体三段式立面以及没有过多强调的入口，和
周边建筑并无太大区别。Turnhalle 对于德国移民来说无疑是
"德国生活"的生活中心，其不只提供了可进行 Turnen 体系
身体训练的健身空间，并包含了图书馆、演讲场所以及音乐
厅、剧院等 ❶。

在内部空间上，美国的 Turnhalle 基本上延续了德国
本土 Turnhalle 双层大厅的空间模式。1910 年的 Milwaukee
Turnhalle ^{（图4-29、图4-30）}内是一个 2 层高的大空间，一侧墙
面设置了两层高的玻璃窗，另外三边的 2 层设置了二层回
廊，可以用作看台使用；训练区中整齐的排布了各类经典的

❶ Gems G R, Borish L J, Pfister G. Sports
in American History: From Colonization
to Globalization [M]. Human Kinetics,
2008: 96–98.

图 4-28 Cincinnati Central Turnhalle
资料来源：http://digital.libraries.uc.
edu/exhibits/arb/turnfest/turnfest3.php

图 4-29 Milwaukee Turnhalle 室内场景
（1900）
资料来源：https://en.wikipedia.org/wiki/
Turners

图 4-30 Milwaukee Turnhalle 室内场景
（1910）
资料来源：https://en.wikipedia.org/wiki/
Turners

Turnen 训练器械，甚至可以看到大量的哑铃、印度棒（india club）、固定重量的杠铃等早期的较为便携的负重训练器械；训练区上空为巨大的钢结构屋架，垂下了多条绳索、吊环以及爬梯，可供攀爬练习使用。在面向玻璃窗户的两面墙中，一面设置了沿墙面的展架，用于放置杠铃、哑铃等便携的训练器械，另一面一层设置了一个门洞，可结合搭建临时舞台。

考虑到美国 Turnhalle 德国社区中心的重要功能定位，多功能的使用成为其空间上同德国本土 Turnhalle 最大的区别。在这个双层的健身厅中，除了布置在空间边缘的爬梯等固定器械，其他的运动器械均是可移动的；移开杠铃、哑铃、单双杠，拆除挂在梁上的爬绳，Turnhalle 就成了一个多功能的大厅；在其中加入家具，搭建临时的舞台，就可以用于举办舞会、沙龙等活动使用。

美国的 Turnhalle 传承了德国 Turnhalle 的训练模式和器械内容，并在器械的可移动化和空间的多功能使用层面进行更新（图4-31）。除了原本的可以移动的单双杠、鞍马等经典 Turnen 器械，杠铃、哑铃和印度棒等用于负重训练的便携的运动器械也出现在美国 Turnhalle 中；而固定器械方面也进一步精简，爬

图 4-31 New York Turnhalle
资料来源：www.maggieblanck.com/NewYork/Societies.html

梯等尽可能做成可移动的，而爬绳则直接借助建筑的梁设置。器械的进一步"去固定化"带来的是训练大厅的多功能使用，而传承自德国本土 Turnhalle 的二层的走廊空间则加入了"看台"的功能，为大厅的多功能使用提供了极大的便利。总的来说，美国 Turnhalle 由德国单一健身功能的双层"健身厅"转变为主要用于健身使用的多功能社区活动大厅。

3. Gymnase Triat

Gymnase Triat[图4-32]由伊波利特·特里亚于 1846 年开设。作为第一个私人运营的健身房，Gymnase Triat 在特里亚的主导下设计而成（建筑师是 Renard），因此在空间上同

图 4-32 Gymnase Triat 内训练场景（1854）
资料来源：Desbonnet E, 1911: 71.

他独创的身体训练体系以及"强壮、健康和美"（Strength, health and beauty）[1] 的训练目标完全匹配。

在空间层面，Gymnase Triat 是一个 4 层的高空间，长 40m，宽 21m，室内净高 10m[1]；空间上对称的意象，结合拱顶的构造和由特里亚主持设计的结构装饰，形成了类似"教堂"的空间意象。一层为通高的训练大厅，地面分为两部分，一半铺设了木地板，用于进行团体操课训练，另一半则铺设了一脚深的木屑，用于竖向的器械，如爬杆、吊绳等，训练；其两侧的墙面为器械陈列区，放置了哑铃、印度棒、杠铃等器械。而一层之上的空间沿墙面围绕训练区设置了 3 圈的走廊，形成了大量的看台空间，大大增加了健身运动的

[1] Desbonnet E, Chapman D. Hippolyte Triat [J]. Iron Game History, 1995, 4(1): 3-10.

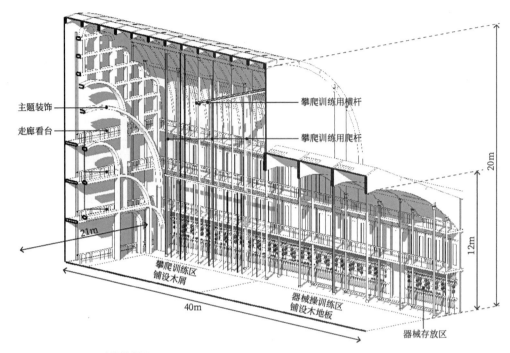

主题装饰

走廊看台

攀爬训练用横杆

攀爬训练用爬杆

21m

20m

12m

攀爬训练区
铺设木屑

40m

器械操训练区
铺设木地板

器械存放区

图 4-33 Gymnase Triat 轴测分析图
资料来源：笔者自绘

参与性^{（图 4-33）}。整个空间中最引人注目的是屋顶结构上悬挂下的绳索，成了训练场中的重要装饰，不免让人联想到杂技和马戏表演中空中悬挂的绳索；事实上，这些绳索是用于进行攀爬等方式的训练使用的❶；考虑到"肌肉表演"同马戏表演等同源，这些在马戏表演中常见的绳索以及爬杆印证了特里亚的健身体系很大程度的借鉴了"肌肉表演者"的训练内容。

由于经过精心的设计，Gymnase Triat 在空间上是极其精致的。其最大的特色就在于大量的"看台"空间。作为"肌肉表演者"出身，特里亚有着强烈的展现意识和取悦观众的能力（虽然在健身房他要面对的不再是观众，而是健身参与者），3 层看台的引入，无疑是将健身训练的空间在模式上转

❶ Desbonnet E, Chapman D. Hippolyte Triat
[J] Iron Game History, 1995, 4(1): 3-10.

变为了"舞台"：健身训练本身成了一种"表演"。这种空间理念上的革新无疑带给了健身空间的全新的体验：对于健身者来说，除了训练体魄，"展示自我"也自然而然成为参与健身训练的动力之一，这同特里亚健身体系的目标"美"完全切合；而对于参观者（或者说观众）来说，看台的空间让他们也能自然地融入整个健身房营造出的身体训练氛围中，进而产生代入感和参与的冲动。可以说，看台空间的加入无疑强调出了健身房中"健身者"和"参观者"的互动关系，进而凸显健身运动"体形美"的目标，在空间上重新定义了健身房的空间形态和模式，并使得健身房进一步向城市公共空间发展。

同自德国到美国一脉相承的 Turnhalle 的双层"健身厅"相比，Gymnase Triat 在直观的空间层面上是极为类似的，最为突出的共同点在于其内的训练器械同样分为竖向的攀爬训练和横向的团体训练，前者决定了空间的"高"，后者决定了空间的"大"。然而，从训练内容上及其对应的训练器械上，两者却有着很大的差异：Gymnase Triat 中的团体训练模式所配备的器械是以杠铃、哑铃和印度棒为主的负重训练器械，而非单双杠等 Turnen 体系器械，这也反映出 Gymnase Triat 在健身训练体系的独特性。特里亚借鉴了当时较为常见的团体训练模式，但抛弃了既定的套路，结合哑铃、杠铃、印度棒等原本用于负重训练的器械，亲自设计动作并进行编排；正式训练以课程的方式，由特里亚亲自教授这些他自编的操课。正是因此，Gymnase Triat 不接受个人的训练，只接受以团体的形式参与课程。Edmond Desbonnet（1867—1953，法国教师、摄影家，主要关注健身文化）提到，"特里亚编的健身操的动作非常多而且复杂，因此训练者还得有好的记忆力才能全部记住；不仅如此，在训练过程中，每个动作往往只会重复 1~2 遍，因此参与操课还是一个高强度的脑力劳动"❶。正是这种训练内容和体系的"灵活"，使得 Gymnase Triat 可以细化面向人群，针对社会中青年、少年甚至是女性设置相匹配的训练操课程。这种运营模式无疑为之后的商业健身房的发展奠定了实践基础。

Gymnase Triat 受到 1871 年普法战争的影响，被迫关闭。在空间层面，虽然这种 4 层高的"健身厅"并没有为之后的商业健身房所继承，但空间中的"看台"的引入及其带来的健身运动概念和目标的转变为之后的商业健身房发展明确了方向；其中"表演"与"观看"的空间逻辑为之后的"肌肉明星"所借鉴和发扬，极大地影响了商业健身房在空间层面的发展。

四、"跑马廊"大厅

单层和多层的"健身厅"空间模式中，空间本身同健身运动的匹配度并不高，其在空间层面，同一个多功能大厅本质上并无太大的区别。这也正是美国的 Turnhalle 中可以进行诸如舞会等同健身运动无关的公共活动的原因。与上述不同，"跑马廊"大厅的空间同健身运动高度匹配，可以看作是针对健身运动量身打造的公共健身空间。

"跑马廊"大厅是由美国基督教青年会提出，并于 20 世纪初传入中国。其空间不仅是极为经典的公共健身空间类型，更是影响了专业的体育建筑空间模式。

1. "美国青年会式标准健身房"

随着第一个自主建造的会所——纽约青年会会所的成

❶ Desbonnet E, Chapman D. Hippolyte Triat [J] Iron Game History, 1995, 4(1): 3-10.

功，美国青年会开始了名为"Call to Build"大规模会所扩张，从原来的以租房为主的运营模式转变为更为独立的自主建造会所模式，纽约青年会会所则成为建设新会所的蓝本。全美国范围的扩张使得青年会会所由纽约向美国各个角落延伸。然而，19世纪末，随着扩张的趋缓，诸多地区青年会实际运营的问题也逐渐凸显：以纽约青年会会所为蓝本的美国诸多青年会会所中的会客厅、大型的演讲厅、音乐厅等大空间的使用率极低，一方面造成了大空间建造成本浪费，另一方面也带来了运营成本的增加 ❶。

与此同时，美国基督教青年会对待健身运动的态度也发生了巨大的转变，随着全球"Muscular Christianity"运动的发起，健身训练逐步成为青年会的青年塑造教育体系中的重要一环；与之对应的健身房也不再只是吸引青年人的"诱饵"，而成为其面向大众的公共教育体系的一部分，有着同其他教室同等的重要性。因此，健身房逐步在每个会所中进行配备，部分会所甚至将健身房及其他健身空间单独运营，专门设立会员 ❷。

大型演讲厅的使用上的浪费以及大量健身房空间的需求，促使青年会会所功能和空间模式发生变革。许多地区的青年会会所将利用率极低甚至闲置的大型演讲厅、音乐厅等空间直接改建为健身房空间；大型演讲厅和音乐厅庞大的空间体量同 Turnhalle 的大空间极其类似，加上在 Turnhalle 中，二层健身空间本身也会用于讲演、舞会等多功能使用，因此这种功能的转变是极为成功的。在这一过程中，一种可以应对多种健身方式的、可适应不同大小规模的健身房标准模式逐渐形成。

"美国青年会式标准健身房"首次出现于19世纪80年代的波士顿青年会会所并成型于1892年的 Bridgeport 青年会会所 ❷

❶ Lupkin P. Manhood Factories: YMCA Architecture and the Making of Modern Urban Culture［M］. U of Minnesota Press, 2010: 114–115.

❷ Lupkin P. Manhood Factories: YMCA Architecture and the Making of Modern Urban Culture［M］. U of Minnesota Press, 2010: 116, 118.

^(图4-34)；其空间上为一个大型的 2 层高的大厅，一层是主
要训练场地，设置了诸多训练器械，包括由屋顶悬挂的绳
索、吊环以及可移动的单双杠、鞍马等；二层高度围绕一层
的训练场地贴墙设置了一圈跑道空间，同时也可用作看台使
用^(图4-35～图4-37)。这种"标准青年会式健身房"借鉴了
Turnhalle 的空间模式，将其二层的看台空间结合运动转变为
一圈跑道，形成了两层面向不同运动、互不影响的成熟的公
共健身空间。这种模式的健身房最后同篮球场（篮球于 1891
年由美国 YMCA 的春田学院发明）进行了结合：将篮板直
接固定在跑道的边沿，一层场地兼做篮球比赛使用^(图4-38)。
"标准青年会式健身房"模式不仅在空间上明确了之后青年
会会所健身房空间的模式，而且奠定了至今室内健身空间乃
至球场空间的基本模式 ❶。"美国青年会式标准健身房"作为
高度模式化的室内"健身厅"，摆脱了简单的"多功能大厅"
模式，同其内的跑步、Turnen 训练甚至是之后孕育出的篮球
运动在空间层面高度匹配。

2. "青年会式标准健身房"在中国的引入

上海青年会四川中路会所中的中国第一个青年会健身
房，虽然是较为简陋的单层房间，但却为当时的中国带来了
健身运动和健身文化。经过这次成功的尝试，中国青年会开
始加大健身运动在青年会活动中的比重。伴随着全套健身运
动教育体系的引入，"青年会式标准健身房"也在中国出现。

北京基督教青年会于 1913 年自建会所 ❷^(图4-39)，基本延
续了同时代美国青年会的经典模式。

（会所大楼）占地面积近万平方米，高阔主楼和礼堂
两大部分。红砖墙壁，青石板屋顶，是欧洲文艺复兴时

❶ 当代的诸多小型室内体育馆也基本采
用这种"标准青年会式健身房"空间
模式；同时，英语中称这种小型体育
馆"gymnasium"，可见其空间的很大
程度上源自于"标准青年会式健身房"
模式。

❷ 左芙蓉. 社会福音·社会服务与社会
改造——北京基督教青年会历史研究
1906–1949 ［M］. 北京：宗教文化出
版社，2005: 66, 68.

攀爬训练器械

二层跑道

综合训练区
内设置可移动器械

图4-34　Bridgeport青年会会所健身房空间（1892）
资料来源：Lupkin P, 2010: 119.

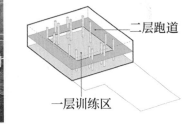

二层跑道

一层训练区

图4-35　华盛顿特区青年会会所健身房
（1920）
资料来源：http://www.ymcadc.org/

图4-36　芝加哥中央青年会健身房（1895）及轴测分析
资料来源：Lupkin P, 2010: 120（左）；笔者自绘（右）

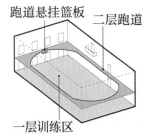

跑道悬挂篮板　二层跑道

一层训练区

图4-37　布鲁克林青年会会所健身房
（1885-1900）
资料来源："The Gymnasium, Brooklyn
Central, New York", KAUTZ FAMILY YMCA
ARCHIVES, University of Minnesota.

图4-38　盐湖城青年会会所健身房中进行篮球运动（1905）
资料来源：http://www.sltrib.com/news/1382544-158/ymca-boston-classes-http-lake-
offered（左）；笔者自绘（右）

图 4-39　北京青年会会所（1917-1919）
资料来源：Sidney D. Gamble Photographs：110-616.

图 4-40　北京青年会会所利用平屋顶进行身体训练
资料来源："Setting-up exercises for the secretaries on the roof of the YMCA building in Peking", KAUTZ FAMILY YMCA ARCHIVES, University of Minnesota.

期建筑及近代建筑之精华的多窗式砖木结构，外观典雅庄重❶。

建筑分为 3 部分，主楼和两翼；建筑沿街面为 159 英尺（48m）长，深 200 英尺（60m），正对着主干道。其地下室部分包含了保留球道、更衣室和淋浴间。主层包括了一个很大的门厅、办公室、阅览室以及一个内设台球桌的娱乐室。建筑内包含了一个全尺寸的健身房；两层高并配备了一圈走廊跑道。而两层高的音乐厅可容纳 800 人，其内配备了一整套的舞台设施以及电影放映器材。主楼的 2-3 层设置了教室和会议室以及宿舍、厨房和餐厅。在健身房空间的上层设置了一个屋顶花园❷。

除了上述记载，1981 年的《体育史料》中提到，"青年会设有健身房，由篮球、地球、乒乓球、吊环、吊绳、单杠、双杠、举重、各种垫上运动等设备，楼上有跑道"，"（青年会）开展体操、器械运动，由石葆光任教练，指导和提高会员单杠、双杠、吊环、吊绳、拳击、举重、木马等各项运动水平"❸。结合上述的记载，不难发现，北京青年会会所中的健身房采用的"青年会式标准模式"。因此，从时间上看，

❶ 左芙蓉. 社会福音·社会服务与社会改造——北京基督教青年会历史研究 1906-1949 [M]. 北京：宗教文化出版社，2005：66，68.

❷ XING Wenjun. Social Gospel, Social Economics and the YMCA: Sidney Gamble and Princeton-in-Peking [D]. University of Massachusetts, 1992: 148.

❸ 陈维麟. 北京基督教青年会的体育活动简况 [G] // 体育文史资料编审委员会编. 体育史料第四辑. 北京：人民体育出版社，1981：31.

图 4-41 天津东马路会所现状
资料来源：郝奇 摄，2017 年 1 月

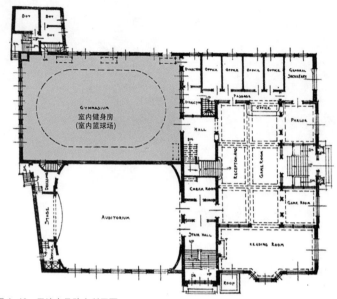

图 4-42 天津东马路会所平面
资料来源：Lupkin P, 2010: 151.

❶ 这种"青年会式标准健身房"在空间
上演化为之后常见的小体育馆，从这
一角度来说，北京青年会会所中的健
身房可以算是中国的第一个小体育馆。

❷ 左芙蓉. 社会福音·社会服务与社会
改造——北京基督教青年会历史研究
1906-1949 [M]. 北京：宗教文化出
版社, 2005: 119.

❸ 陈维麟. 北京基督教青年会的体育活
动简况 [G] // 体育文史资料编审委员
会编. 体育史料第四辑. 北京：人民
体育出版社, 1981: 31.

❹ Lupkin P. Manhood Factories: YMCA
Architecture and the Making of Modern
Urban Culture [M]. U of Minnesota
Press, 2010: 114-115.

北京青年会会所中的健身房是中国第一个"青年会式标准健身房"❶。除了健身房，会所中还在地下室设置了乒乓球室、地滚球室❷，并在会所对面的梅竹胡同开辟室外的运动场进行篮球、网球以及冬季的冰上运动❸，并利用屋顶空间进行室外的简单健身训练（图4-40），一定程度上减少了室内健身房的使用压力。

天津青年会会所于1914年在东马路建造新会所（图4-41）。鉴于上海以及北京新会所对美国青年会会所模式的借鉴取得了成功，天津东马路会所在建筑设计和功能模式上直接照搬北美的青年会经验❹。

天津东马路会所建筑师为 Shattuck and Hussey，后者在北美有大量的青年会会所设计经验。因此，天津东马路无论是建筑外形、立面还是内部的功能布局，都完全照搬了

图 4-43 建设中的天津东马路会所内部健身房（1914）
资料来源："Y.M.C.A. Building, Tientsin, China 1914", KAUTZ FAMILY YMCA ARCHIVES, University of Minnesota.

Shattuck and Hussey 的多个青年会会所。"青年会式标准健身房"也自然成为其内的标准配置。

天津东马路会所的健身房是整个建筑中最大的空间（图 4-42、图 4-43），2 层通高，占据了会所中重要的空间位置，不难看出体育，尤其是健身在天津青年会教育体系中的重要地位。健身房宽 14.5m，长 23m，是一个标准的矩形；二层高度围绕中间的活动场设置室内跑道，形状类似现在常见的 400m 跑道，但总长度只有约 25m（内径），跑道最窄处宽为 2m。作为用于健身和运动的大空间，健身房除了用于排球、羽毛球、器械体操使用❶，更是中国第一个❷室内篮球场❸，天津最早的私人业余篮球队——青年会篮球队（1916年正式更名为"竞进队"）就在这里进行训练和发展；该健身房（或室内篮球场）对于中国篮球的起步和发展有着极其

❶ 张三春. 近代天津基督教青年会的体育活动 [J]. 体育文史, 1987, 5: 6.

❷ 该健身房（或者室内篮球场）在时间上略晚于北京青年会健身房，空间也是基本一致，并非是中国第一个该类型的健身房空间。但由于天津作为最早引入篮球运动，以及该健身房一直作为篮球训练的背景，依然可以认为该健身房是中国第一个室内篮球馆。

❸ 杨晓光. 天津市筹建"中国篮球博物馆"的可行性分析与筹建规划研究 [D]. 天津：天津体育学院, 2013: 16.

图 4-44　广州青年会健身房
资料来源：宋如海，1935：59-60.

❶ 1892 年，篮球形成了 3 种尺度的规范场
地：100 英尺 ×50 英尺（30m×15m）、
90 英尺 ×45 英尺（27.4m×13.7m）、70
英尺 ×35 英尺（21.2m×10.6m）；均
为 1：2 的长方形。1942 年，场地正式
统一为 26m×14m。1984 年，扩大为
28m×15m，并沿用至现在。参见曾彦.
篮球规则演变的探讨研究［D］. 武汉：
武汉体育学院，2012：7.

❷ 在当前的建筑学术界，由于青年会隶
属于基督教，因此往往被界定为"宗
教建筑"。

❸ LIU Pinghao, ZHU Wenyi. A Study on
the First Public Gymnasium in China—
Shanghai YMCA Sichuan Rd Club［C］//
ICHSD 2015. International Journal
of Culture and History, Vol.1, No. 2,
December 2015: 122-128.

❹ 游泳池为 280m²，泳池部分为 18.8m×
8.2m，1.1～2.7m 深。

重要的意义。然而，如果从当今篮球场的角度来看，其通高
空间的尺寸很小，中间的方形区域仅有 10.5m 见方，即便加
上两边的弧形区域，也无法放置一个完整的篮球场，仅可以
作为当时最小的标准球场 ❶ 的半场使用，可见配置也是较为
简陋；但比起室外场地，室内篮球场不再受到天气的影响，
已是极大的空间上的进步。

　　随着北京、天津对于"青年会式标准健身房"的引入，
这种高度集中的空间模式也受到了中国大众的普遍接受，成
为中国青年会会所的标准配置。之后建造的广州青年会会所
（1916）、杭州青年会会所（1919）乃至香港青年会会所（1918）
中均配备了"青年会式标准健身房"（图 4-44）。它们共同构建成
了中国最早的一批体育 ❷ 建筑 ❸。在这些"青年会式标准健身
房"的蓝本上，中国诞生了第一批小型体育馆，其中以全国第
一个校园体育馆——清华大学西体育馆最具代表（图 4-45）。该
建筑采用了同上海四川中路会所完全一致的"健身房 + 游
泳池"的健身房模式和健身体系，在 1916～1921 年的第一
期建筑中就包含了一个健身房、一个室内游泳池 ❹ 以及其
他辅助功能。其中健身房为 562m²，在空间上采用了"青

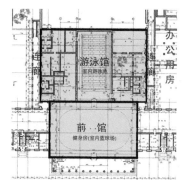

图 4-45　清华大学西体育场一期的游泳馆和健身房（室内篮球场）（左）和健身房（室内篮球场）现状（右）

资料来源：张复合，李蒨楠．清华大学西体育馆研究 [C]// 中国近代建筑研究与保护．北京：清华大学出版社，2008：379-380（左），
笔者自摄（右）

年会式标准健身房"空间模式，包括 2 层的跑道和若干篮
板 ❶。笔者认为，由北京、天津青年会引入并传播的"青年
会式标准健身房"奠定了中国小型体育馆的空间模式，对于
中国早期体育建筑的发展起到了巨大的推动作用。

五、"健身厅"空间特点

　　在"单层大空间"、"多层高空间"和"'跑马廊'大厅"
三种空间类型的基础上，本节将归纳"健身厅"这类室外的
公共健身空间在规划布局、内部空间以及内部行为等层面的
特点。

1. 依附的布局模式

　　"健身厅"作为一种由"健身场"室内化而来的室内健
身空间，其在规划布局层面具有"依附"的模式规律，即"健
身厅"本身不会独立设置，而会依附于校园、俱乐部等机构
设置。

❶ 张复合，李蒨楠．清华大学西体育馆
研究 [C]// 中国近代建筑研究与保护．
北京：清华大学出版社，2008：379-
380．

法国的"单层大空间"都是以校园为基地的公共健身空间，均位于校园中，直接服务于学校内青少年学生；而德国的大量 Turnhalle 也是以学校（如前文提到的柏林 Kluge's Turnhalle）或是独立的俱乐部为基地。到了青年会中，其中的"健身厅"则进一步融入整个建筑中，成为青年会不可分割的一部分，而不再是一个独立的建筑。

这种布局层面的"依附"很大程度上缘于室内大厅在建造和运营成本上的压力，进而促使这些健身大厅必须兼顾多功能的使用。这一点在法国 19 世纪中叶对于校园健身房的定位探讨中表现得最为明显。通过依附于校园等组织，这些"健身厅"也会作为报告厅、舞会大厅等，进而一定程度上分担了建造运营成本。同时，这种"依附"也同其教育背景相关联；通过同校园等教育机构"捆绑"，可以进一步明确其面向的群体，进而形成针对性的训练模式和与之相匹配的空间形态。

2. 简洁的内部空间

正如其"健身厅"名称所指代，其内部的空间整体是极为简洁而单一的"大厅"，建筑层面的设计并不复杂。

在以法国校园健身房为代表的"单层大空间"在空间上最为简单。除去健身器械，其本质上就是狭长而高的室内大厅，并无过多的同健身主题相关的建筑设计语言。而在以 Turnhalle 为代表的多层高空间中，其内部出现了 2 层的走廊空间，部分还出现了 2 层的房间；但空间的核心依然是一个通高的大厅。在"青年会式标准健身房"的"跑马廊"大厅中，其也基本延续了 Turnhalle 的空间逻辑，只不过二层的走廊转换为了用于跑步的跑道。总体来说，"健身厅"的核心均为一个简洁"大厅"空间，并无多余而复杂的设计。

这种内部空间层面的"简洁"事实上同其基于成本而出现的多功能使用的定位有极大的关联。正是因为需要在"大厅"中进行非健身运动的其他功能，诸如集会、舞会，"大厅"本身的空间才必须简单而没有太多的固定的健身相关功能的设置。这也正是青年会中的"跑马廊"大厅中的训练场最终被篮球运动占领，成为篮球馆前身的核心原因。

3. 团体的训练方式

延续自"健身场"，"健身厅"中的训练模式更为明确的同大众教育"绑定"，尤其是面向青少年的中小学教育。这种训练目的明确化致使其内的训练内容和方式进一步固定。

以 Turnhalle 为主的"多层高空间"内的训练基本以 Turnen 体系的训练为蓝本。经过"室内化"的精炼后，考虑到空间多功能的使用，其内的运动器械基本精炼为单双杠以及爬杆爬绳等器械，其中大部分可移动。而在法国校园的"单层大空间"校园健身房中，经过多年的发展和凝练，也基本形成了极为固定的以 Amorós 体系为蓝本的健身教育法。"跑马廊"大厅中的青年会健身训练则也是以 Turnhalle 的训练为蓝本，并加入了篮球等体育运动。在这些固定的以教育目标的健身方法的影响下，这些"健身厅"内的训练方式都是以团队的形式进行；表现形式为固定的"体育课"，即由教练带领下，健身者或者说学员以团队的形式进行集体的训练。这种形式甚至在同上述运营模式不同的 Gymnase Triat 中也出现了。正是这种团队的训练方式，致使这些健身空间需要满足承载大量瞬时人流进行训练的能力，"大厅"成了空间的必然选择。因此，也可认为，团队训练的方式，是"健身厅"在功能层面的重要因素之一。

六、当代中国"健身厅"

随着以"跑马廊"大厅为蓝本的室内篮球场、羽毛球场、小型体育馆等的独立，以健身为主要功能的多功能"健身厅"在当代并不多见。尽管如此，在国家体育场地类型的划分 ❶ 依然包含了与之极为类似的一类——综合房（馆），同本书的"健身厅"在功能定位和空间层面较为类似。本节将以北京为例，探讨当代的综合房（馆）的分布和空间特点，进而探讨其与"全民健身"的关联。

1. 北京当代"健身厅"——综合房（馆）

综合房（馆）指内部运动项目不固定的室内体育馆，当代北京的综合房（馆）基本上均为依附于学校、企业以及社会公共机构的"运动大厅"。根据北京市体育局 2012 年的北京体育场馆的统计资料，北京共有综合房（馆）共 87 处。其总体分布在北京城市的中心区，郊县各区分布较少(表4-1)。从各区县的分布数量来看，综合房（馆）的分布是极为不均衡的。在位于中心的东城区、西城区以及海淀区、朝阳区等均有超过 10 处综合房（馆），而在其他的区县则少于 5 处。分布数量最多的为西城区，共有综合房（馆）16 处。而通州区、平谷区和延庆区则完全没有该类型的综合房（馆）。

值得一提的是，在北京为数不多的综合房（馆）中，还有 27 处为机构内部使用，不对外开放。对外开放的数量仅占 2/3(表4-1)。部分综合房（馆）依附于政府机关或是学校，虽然正是"健身厅"本身依附性的布局特点的体现，但作为

❶ 中国的体育场地类型共 82 种，包括体育场、田径场、田径房（馆）、小运动场、体育馆、游泳馆、跳水馆、室外游泳池、室外跳水池、综合房（馆）、篮球房（馆）、排球房（馆）、手球房（馆）、体操房（馆）、羽毛球房（馆）、乒乓球房（馆）、武术房（馆）、摔跤柔道拳击跆拳道空手道房（馆）、举重房（馆）、击剑房（馆）、健身房（馆）、棋牌房（室）、保龄球房（馆）、台球房（馆）、沙狐球房（馆）、室内五人制足球场、网球房（馆）、室内曲棍球场、室内射箭场、室内马术场、室内冰球场、室内速滑场、室内冰壶场、室内轮滑场、壁球馆、门球房（馆）、足球场、室外五人制足球场、室外七人制足球场、篮球场、三人制篮球场、排球场、沙滩排球场、室外手球场、沙滩手球场、橄榄球场、室外网球场、室外曲棍球场、羽毛球场、乒乓球场、棒垒球场、室外射箭场、室外轮滑场、板球场、木球场、地掷球场、室外门球场、室外人工冰球场、室外人工速滑场、室外人工冰壶场、摩托车赛车场、汽车赛车场、卡丁车赛车场、自行车赛车场、自行车赛车馆、小轮车赛车场、室外马术场、射击房（馆）、室外射击场、水上运动场、海上运动场、天然游泳场、航空运动机场、室内滑雪场、室外人工滑雪场、高尔夫球场、室外人工攀岩场、攀岩馆、登山步道、城市健身步道、全民健身路径和户外活动营地等。（资料来源：第六次全国体育场地普查数据公报［EB/OL］．［2017-03-20］．http://www.sport.gov.cn/n16/n1077/n297454/6039329_4.html）

表 4-1　北京当代综合房（馆）分区数量和开放比例

	综合房（馆）数量	开放数量	综合房（馆）数量开放比例	综合房（馆）总面积（m²）	2015 常住人口（万人）	人均综合房（馆）总面积（m²/万人）
东城区	9	5	55.6%	28100	90.8	309
西城区	16	13	81.3%	51500	129.8	397
朝阳区	14	9	64.3%	12200	395.5	31
丰台区	12	7	58.3%	34300	232.4	148
石景山区	1	0	0.0%	1500	65.2	23
海淀区	15	8	53.3%	47200	369.4	128
顺义区	1	1	100.0%	1100	102	11
通州区	/	/	/	/	137.8	/
大兴区	3	3	100.0%	25500	156.2	163
房山区	6	5	83.3%	13200	104.6	126
门头沟区	1	1	100.0%	180	30.8	6
昌平区	6	4	66.7%	11200	196.3	57
平谷区	/	/	/	/	42.3	/
密云区	3	2	66.7%	4300	47.9	90
怀柔区	/	/	/	/	38.4	/
延庆区	/	/	/	/	31.4	/
共计	87	58	66.7%	230280	2170.8	106

资料来源：综合房（馆）资料整理自北京体育局群众体育数据 [EB/OL]. [2017-04-24]. http://www.bjsports.gov.cn

城市中一类重要的公共健身空间，在不影响自身使用的基础上，尽可能地对大众开放能够一定程度上弥补部分地区公共健身空间不足的问题，进而对城市公共生活起到积极的作用（如上一章中，北京开放了大量中小学的操场等室外训练场，在非教学时间对社会开放）。

　　不仅是数量分布上的不均匀，作为一类室内的公共健身空间，北京当代综合房（馆）的规模的分布也极为不均匀。在东城区和西城区的综合房（馆）不仅分布较密，规模也较大，人均面积均达到了 300m²/ 万人，远远高于其他的区县。

图 4-46　北京大学体育馆
资料来源：http://gym.pku.edu.cn/?c=manage
&id=105

在使用层面，综合房（馆）内部的大厅空间可以用于多功能的使用。以北京大学体育馆为例（图4-46），其内在平时主要以体育课程教育为使用功能，是其体育健身（事实上更多是体育教育）教育的重要空间载体。而在非教学时间，其内的训练场空间则被划分为羽毛球场或是篮球场用于学生自由的体育健身活动使用。此外，体育馆还被用于大型集会使用。不难看出，综合房（馆）在空间层面突出了"综合"，即多功能使用。其内的主体训练内容不拘泥于单一的运动内容，而是以简洁的内部空间布局，满足不同时间的不同健身运动需求。当然，将综合房（馆）其列为"健身厅"，也是因为无论是体育健身课程，还是对外开放的各类体育运动项目，都承载了大众对于"健康"的追求，并非竞技属性。

而在空间层面，综合房（馆）也多表现出依附性的特点。这种依附性除了表现在前文提到的多为学习和机构内部使用，还表现在空间层面同其他功能结合形成一个"运动综合体"。北京大学体育馆除了该"健身厅"，还包含了乒乓球室、台球室、攀岩室以及独立的器械健身室。而北京青年宫的体育馆中除了"健身厅"，还包含了台球室、乒乓球室等，以及书店、琴房、剧院、电影院等城市公共功能。这样的设置保证了综合房（馆）多功能使用的定位，进一步增加了其空间的使用率。

2. 中国公共健身空间的补充

中国当代的"健身厅"传承了依附的布局模式、简洁的大厅空间以及多功能的使用方式，拓展了健身文化的广度，从侧面推动了公共健身空间的多元化发展。

在规划层面，依附于校园或其他公共设施的当代综合房

（馆）一定程度上缓解了部分区域健身功能空间不足的问题，保证了健身运动在校园、社会机构中的开展。

在空间层面，当代综合房（馆）独立大厅的空间模式成为各类体育运动场馆的"孵化器"。以此为基础的篮球馆、羽毛球馆、乒乓球馆等的独立证明了其"跑马廊"大厅模式的巨大潜力。

在训练层面，多功能的使用促使当代综合房（馆）不再是固定的训练内容，而可以根据实际的需求通过器械、家具的转换，满足不同训练内容甚至是不同使用功能。

事实上，随着运动场馆的逐步专业化的发展，综合房（馆）在逐步向更为专业的乒乓球馆、羽毛球馆、篮球馆等转换。因此，作为空间演进的"过渡"，综合房（馆）在当代更多以"机构的内部运动大厅"为主要的定位，同直接的"全民健身"空间存在一定的距离。尽管如此，这种极为特殊的内部健身场所在一个固定的空间中保证了多种健身类型的使用，一定程度上拉低了健身运动的硬件成本，提升了健身空间的可达性，也推动了健身运动本身多元化的发展；同时，其内进行的健身主题的大型活动一定程度上提升了健身运动的影响力。因此，可以认为综合房（馆）是以"全民健身"为导向的公共健身空间的有力补充。其以最低的运营成本提供了多样化的健身运动服务，并通过举办大型健身活动推动了更为集中的健身文化的传播。

第五章

健身室

一、"健身室"的产生

"健身室"是室内健身空间进一步精细化和小型化的空间产物。虽然空间上源自于"健身厅",但"健身室"却采用了截然不同的健身训练方式和运营模式,进而在空间上跳出了"大厅"的束缚。这种束缚一方面表现在观念上,另一方面则表现在训练方式上。

1. "健康"和"强壮"概念的分离

19世纪,随着宗教对于社会思想完全失去控制,"回归自我"成为社会大众开始思考的重要议题。前文提到的康德、黑格尔及他们代表的德国唯心主义思想就是一种从自我的角度和自我经验出发来思考问题的思维方式,是对理性主义的一种抗争,正是一种对于自我的回归。

顺延"唯心主义"的思想,以英国为基地的"功利主义"(Utilitarianism)哲学思想形成,代表人物是杰里米·本特姆(Jeremy Bentham,1748—1832)和约翰·穆勒(John Stuart Mill,1808—1873)。本特姆认为"痛苦"和"快乐"是所有一切道德的准则;只有它们才能规定我们应该做什么,不应该做什么[1]。这种评价体系力求在推演的源头支点上打破现有哲学,认为它不是什么客观的规律等,而是"痛苦"和"快乐"——这种以人内心出发的基本元素。这可以认为是一种非常强烈的对于"自我意识"的回归。穆勒在本特姆的基础上,进一步强化了"功利主义"的思想,其中重要的一点就是"自由"。他认为,在一个集体中,只有当一个人触及了别人的利益时,才应当禁止;如果只是自己,那么享有完全的自由,法律不应干涉(甚至是以自己的生命为代价)[1]。

[1] 斯通普夫,菲泽(美),丁三东等译. 西方哲学史[M],第7版. 北京:中华书局,2004:496,514.

对于"自我"的强调和"自由"的强调，进一步推动了人们对于"自我"的认识，其中就包括对于自己"身体"的认知。对此，本特姆指出了身体的"健康"（health）和"强壮"（Strength）的差别：

> 虽然从因果关系上，"强壮"同"健康"是紧密关联的，但可以非常明确的区分两者的区别。一个"健康"的人一定比一个瘦弱的人"强壮"；但一个人，即便是较差的健康状况，也可能会比一个"健康"的人更加"强壮"。虚弱往往伴随着疾病，但如果是他有着较为"激进"的身体，那么一个人也可能一生都非常虚弱，却不得病。因此正如上述所说，"健康"是一个被动的状况；而"强壮"是主动的。一个人的"强壮"程度是可以在接受范围内衡量出来的❶。

可见，本特姆明确地将"健康"和"强壮"的概念区分开，并用"主动"来指代"强壮"，即"强壮"是可以通过自己的努力而达到的。这样的概念定义为以"强壮"为目标的负重训练奠定了存在的基础：负重训练就是人们取得"强壮"的重要途径。

然而19世纪以"回归自我"为主流思想的发展在19世纪末到20世纪初产生了巨大的变化。达尔文（1809—1882）于1859发表《物种起源》，提出了"自然选择"的进化规律，从宏观进化的层面否认了在自然面前"自我"的意义：个体往往为了群体或是种族的生存而牺牲自我；而1867~1894年马克思《资本论》的提出，反驳了"唯心主义"的思想，以"唯物主义"价值观提出了资本主义中"劳动异化"的概念：人无法自由的"自我发展"，必将受到各方面的影响而发生"异化"，最终失去"自我"。而随后发生

❶ Bentham J. An introduction to the principles of morals and legislation［M］. Oxford: Clarendon Press, 1879: 46.

的世界大战、经济萧条等也一定程度上证明，个体无法通过自己的行为改变社会，甚至无法完全控制自己的"身体"和"生命"❶。

这种思潮的对立，事实上给予当时大众更为全面的思考视角。他们看到了"自我"的重要性和可能性，也看到了客观世界的压力以及"自我实现"的困难；这使得人们进一步产生了对控制"自己"、实现"自我"的探索和渴望，其中就包含了对于自己"身体"控制。

"自我"思想的产生，一定程度上转变了大众健身运动的目的——不再只是单纯地为了健康或是身体机能，而是变得更为多元。目的的转变带来的健身运动从方式到组织形式、空间的全面更新，并借鉴社会已有的沙龙、俱乐部的模式，形成了更为小型的"健身室"公共健身空间^{（图5-1）}。

2. "力量"文化的重新崛起和"肌肉表演者"

健身空间同健身训练的方式和器械有着巨大的关联。前文的"健身场"、"健身厅"采用大空间，都同其内部的瞬时团体训练、高大的健身器械有着巨大的关联。随着 19 世纪后半叶，对于"力量"的崇拜和"肌肉表演者"群体的崛起，"肌肉饱满"或者说"健美"，成为民众津津乐道甚至梦寐以求的身材形式；而原本以身体教育为背景的 Turnen 体系无法达到让健身者肌肉变大、身材变得健壮的目标❷。正是在这样的背景下原本用于"肌肉表演者"内部训练采用的负重训练法开始慢慢向民众普及。

在训练方式上，负重训练（Resistance Training）作为一种原本小众和专业的肌肉训练方式，并不具有公共教育的背景，更偏向于"自我"的提升。虽然也采用由教练带领下进

❶ Chaline E. The temple of perfection: A history of the gym［M］. Reaktion Books, 2015.

❷ Windship G B. Autobiographical sketches of a strength seeker［J］. Atlantic Monthly, 1862, 9(51): 102–115: 105.

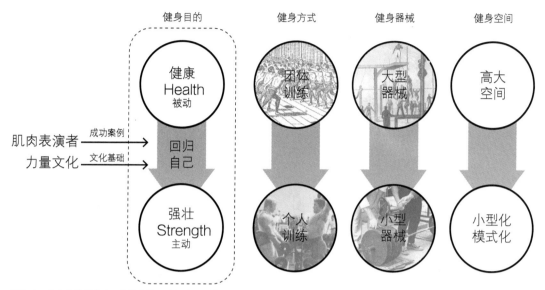

图 5-1   健身目的的转变及其带来的运动方式、器械以及空间的革新

资料来源：笔者自绘

行的基本模式，但每个人的身体肌肉基础不同、训练目标不
尽相同，因此无法以一种类似"团体操"的模式在统一口令
下集体进行，而是以"一对一"类似师徒制教授模式进行。
这使得负重训练在空间上移除了室内"健身厅"横向大空间
的需求，相应地，健身空间在占地面积上的限制得以解除。

在训练器械上，通过使用重物，如石头，或是现代的哑
铃、杠铃等，进行针对性练习的负重训练方式早在 4000 年
前的古埃及就已经出现。19 世纪，由"肌肉表演者"群体主
导的负重训练主要采用杠铃、哑铃和印度棒等可移动的运动
器械，前文提到的 Gymnase Triat 正是第一个将这些负重训
练器械同当时流行的团体训练操模式加以结合的探索者，也
是首个将这些原本用于专业训练的器械平民化的尝试者。从
体量上看，无论是哑铃、印度棒还是杠铃，都是极为亲人的
尺度，即便同 Turnen 体系中的单双杠、鞍马等小体量的器

械相比，也更为小巧而便携。用杠铃、哑铃和印度棒取代原本的单双杠、爬杆等，健身器械的变小，使得用于健身训练的空间受到器械的限制完全解除：室内的健身空间不再需要是一个类似"大厅"的高空间了。

　　负重训练方式和负重训练器械的普及，促使人们开始以"自我"为中心进行健身训练，推广了杠铃、哑铃和印度棒等可移动器械，最终推动了用于健身训练的空间在纵向和横向的"小型化"发展^{（图5-1）}。

二、健身"舞台"

　　健身"舞台"的空间逻辑延续自 Gymnase Triat 开创的"看台"模式。由于负重训练模式和杠铃、哑铃等器械的普及，商业健身房在体量上大大缩小，成为一个或者多个房间；而原本的"看台"空间也演化为"舞台"的空间意象和空间逻辑。健身"舞台"主要包括 19 世纪末至 20 世纪初的小型商业健身房，其中以 Attila 的 Athletic Studio 和 Sandow 的 Physical Culture 最具代表。

1. Louis Attila 和 Athletic Studio

　　Louis Attila（原名 Ludwig Durlacher，1844—1924）是19 世纪末欧洲有名的"肌肉表演者"。他从小就开始接受肌肉表演者的训练，并于 17 岁加入一个体育俱乐部，在田径和游泳方面有突出的表现。1863 年，19 岁的 Attila 开始进行他个人的"肌肉表演"，并发明了"Bent Press"健身动作以及罗马椅、短轴圆形杠铃等运动器械。

　　1886—1887 年间，Attila 开始慢慢减少"肌肉表演"的活

图 5-2 位于纽约的 Attila's Athletic
Studio (~1900)
资料来源: Beckwith K A et al, 2002: 46.

图 5-3 位于纽约的 Attila's Athletic
Studio (1898)
资 料 来 源: http://www.hamiltonsfitness.
co.uk-/history_of_powerlifting.htm

图 5-4 "Athletic Studio" 训练场景广告
资料来源: Beckwith K A et al, 2002: 49.

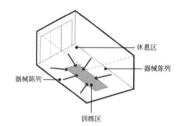

图 5-5 Attila's Athletic Studio 轴测示意
资料来源: 笔者自绘

动, 转型为教练, 给希望成为"肌肉表演者"的青年人提供
训练。他在布鲁塞尔开设了一家私人的健身学校; 又于 1889
年在伦敦开设健身学校。健身学校面向青少年, 以训练出更
为健硕和肌肉线条的体型为主要目标, 以便之后参与"肌肉
表演"。1893 年, Attila 最为出色的学生 Sandow 在美国芝加
哥的国际展览会进行了肌肉表演, 反响良好。这给予了 Attila
在美国发展很大的信心。1898 年由他主持的全新健身房在美
国纽约开放, 并命名为"Athletic Studio", 用于"肌肉表演者"
训练的同时, 也面向希望练就健硕身材的普通健身爱好者。

"Athletic Studio" 位于曼哈顿中城靠近剧场区^{(图 5-2~}
^{图 5-5)}; 其运营直到 1924 年, 是经过精心布置的室内健身空
间。整个健身空间净高约 2.5~3m, 是一个很小的沿街商

铺，沿街的大片玻璃窗上贴有"Attila's"字样的宣传。健身房内部墙面挂满了当时拳击、摔跤以及"肌肉表演者"明星的照片；其中一面墙前放置了一人高的大镜子；所有的照片和镜子都是经过了精细的表框，使得整个健身房洋溢着古典气息。地面铺着地毯，并分区整齐放置了各种健身器械，如杠铃、哑铃、双杠等；天花板还悬吊下部分的绳索用于训练使用。靠近镜子和窗台区域设置了一些座椅供休息和交流使用。除此以外，房间中还摆放了一些古希腊的雕塑，是对健身文化的进一步渲染❶。整个空间如果除去训练器械，就是一个健身主题的沙龙。正是因为其内大量的装饰、温馨的氛围以及浓郁的健身文化，使得"Athletic Studio"被称为"肌肉训练者的天堂（a strongman's paradise）"❷。

从 Athletic Studio 健身房，或者说健身工作室的空间中，能够清晰地看到传承自 Gymnase Triat"健身厅"的痕迹。Athletic Studio 虽然在体量上和 Gymnase Triat 有着天壤之别，但依然存在明确的"向心性"：空间四周布置可移动运动器械，中间的区域空出用于训练。从当时 Athletic Studio 健身房的广告中不难看出，中间区域进行训练的健身者同四周休息的其他健身者，形成了临时的"看"与"被看"的空间关系："舞台"的空间意象依然存在。只不过，相比 Gymnase Triat 中直接划分看台和训练区，Athletic Studio 的"舞台"更为抽象。虽然隐含"观众"和"表演者"的空间关系，但两者可以相互转换：观众本身也是训练者。Gymnase Triat 中，看台上的只能是"观众"；训练区的只能是"表演者"（训练者）。而在 Athletic Studio 中，所有人都集中在了一个小空间中，谁训练，谁就是"表演者"，其他人就是"观众"。这种空间关系的演化进一步提升了健身空间中使用者（包括健

❶ Beckwith K A, Todd J. Requiem for a Strongman: Reassessing the Career of Professor Louis Attila [J]. Iron Game History, 2002, 7(2-3): 42-55.

❷ Klein S. My Quarter Century in the Iron Game, Part 6 [J]. Strength and Health, August 1944: 28, 34.

身者和非健身者）的参与度，促使原本教学式的健身训练转变为一种更为公共的健身"交流"。综上，Athletic Studio 的健身"舞台"基本奠定了之后乃至当代商业健身房的空间逻辑和基本模式。

此外，相比 19 世纪中叶的"健身厅"，Athletic Studio 在空间的氛围上，纯粹的"冷冰冰"的健身器械堆积而成的完全功能化的空间被照片墙、镜子、地毯柔化了；空间变小也客观上拉近了不同训练者的距离，进一步使得健身房变得具有人情味；整个健身房的空间开始变得温馨和亲切。空间氛围的柔化，反映出健身由一种单纯的运动向文化发展：健身运动已不再是一种纯粹为了健康的"被动"措施，而成为一种休闲方式、一种身心的享受，甚至是一种文化标识。

Attila 去世后，他的女婿 Siegmund Klein（1902—1987）继承了他的健身房事业，并依照 Attila 的模式开设了自己的健身房"Siegmund Klein's"（图5-6、图5-7），受到了极大的欢迎。可以看到，在空间上，Klein 的健身房同 Attila 的模式可以说是完全一致，营造出的"健身文化"氛围也完全相同。健身房约为 9m×13m❶，略大于 Attila 的"Athletic Studio"；健身房的运动区位于中间，四周整齐排放着杠铃、哑铃等器械；墙面上则紧凑的贴满了各种"肌肉表演者"的明星照片。Siegmund Klein 的健身房持续营业了 45 年，直至 1973 年，它被西方学者评价为"No other gym in America could boast such a distinguished history"❷。

Attila 的"Athletic Studio"及 Siegmund Klein's 健身房传承了 Gymnase Triat 的商业健身房模式和空间逻辑。全面采用负重训练器械带来了空间的"小型化"，使得健身房不再需要一个"大厅"，一个普通的沿街商铺就可以胜任。空间

图5-6　Siegmund Klein's健身房（1935）
资料来源：LaVelle G, 2011: 27.

图5-7　Siegmund Klein's健身房轴测示意
资料来源：笔者自绘

❶ 数据参照"GREAT GYM'S OF YESTE RYEAR"（ http://www.bobwhelan.com/ history/klein.html, 2016 年 6 月）

❷ Murray J. A Tale of Two Trainers—John Fritshe and Sig Klein [J]. Iron Game History, Volume 3 Number 6, 1995.

缩小的同时，健身"舞台"的意象却得以进一步凝练，而明星照片、休息座椅、镜子墙成为健身文化的物质载体。健身空间不再是冷冰冰的健身器械的堆积，以"舞台"为空间意象，由"训练大厅"向着氛围浓郁的"俱乐部"转变。

2. Sandow 和 Physical Culture 健身房

Eugen Sandow（原名 Friedrich Mueller，1867-1925）是健身文化历史上绝对不能忽视的重要人物，很多西方学者将其评价为"当代健身文化的开创者"❶，可见其对于健身文化的传播做出的重要贡献。

Eugen Sandow 师出于 Attila 在布鲁塞尔的私人健身学校。1889 年，他脱离 Attila 开始独自发展，并有了一定的名气。1893 年，他在美国纽约和芝加哥进行巡回表演（图5-8），给当时的美国人带来了对于健身运动的全新理解，名气也直线上升。1897 年，他回到英国，在伦敦开设了他的第一个健身教育机构 Institute of Physical Culture。

健身运动在英国发展较为缓慢。19 世纪末，社会中的上层人士和中产阶级依然认为，健身运动，尤其是负重训练是一种"不高级"的运动方式，是社会底层工人阶级的运动方式。Sandow 希望改变这一局面，力求让更多的中产阶级甚至社会上层资本家加入到由"肌肉表演者"主导的负重健身运动中。首先，在健身房的选址上，他选择了更为靠近中产阶级聚集的区域，为中产阶级参与健身运动提供便利。其次，在健身房的空间氛围营造上，他也尽可能地向"高档"和"奢华"靠拢。

在空间层面，Institute of Physical Culture 更像是一个配备了浴室和训练室的"俱乐部"。门厅中布置有盆栽和大量

❶ 原文为 At the precise moment Sandow hit his first pose, bodybuilding was born.（Lavelle G, 2011: 14）

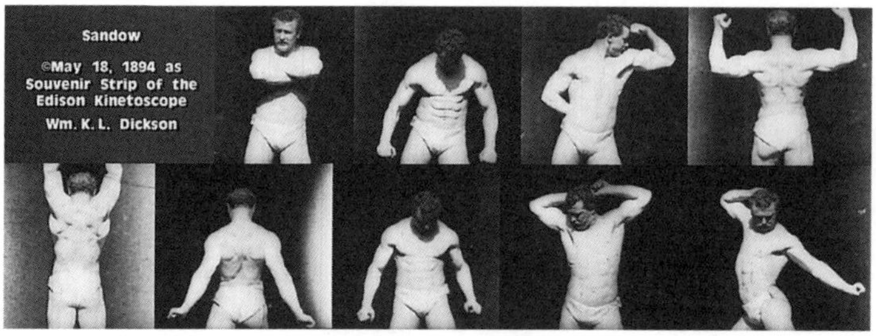

图 5-8　1894 年 Sandow 在美国巡回表演的视频截图
资料来源：http://upload.wikimedia.org/wikipedia-/commons/0/03/Sandow_ca1894.ogv

图 5-9　伦敦 Institute of Physical Culture
奢华的门厅
资料来源：Chapman D L, 1994: 插页

华丽而烦琐的装饰（图5-9）；洗浴间配备了站式和坐式两种模式的洗浴空间；吸烟室、咨询室甚至音乐客厅也是一应俱全。而最为核心的训练室则是一个大房间，配备了高窗和硬木地板；不同的地毯用以区分不同的训练区域，而哑铃、杠铃等则悬挂在墙面上。值得一提的是，随着越来越多的中产阶级开始加入 Institute of Physical Culture 的训练中，一些女性也开始光顾；为此，Sandow 为这些女性训练者专门开辟了一个区域，并设置了幕帘进行分割，保证当时女性健身需要的私密性 ❶。

　　不难看出，Institute of Physical Culture 同 Attila 的 Athletic Studio 在空间营造的方向上是极为类似的，即创造一个高品质的健身的"舞台"。然而与 Athletic Studio 不同的是，Attila 在营造健身空间的氛围时，更多的是去迎合美国已经开始兴盛的"力量"文化，进而创造一个健身"交流"的空间，而 Sandow 更多的是去迎合英国在中上层社会的"俱乐部"文化，因此，在 Institute of Physical Culture 的健身房中，能够看到大量同健身并无关联的艺术装饰，而同运动健身相关的训练室和更衣室则有机地融入整体高端奢华的"会所"氛围中。通过营造高端奢华氛围，Sandow 打造了一个向普通民众宣传健

❶ Chaline E. The temple of perfection: A history of the gym [M]. Reaktion Books, 2015: 128.

身文化的更大的"舞台",这样的设计无疑在证明,健身运动也可以很高雅,同样适合社会的中上层人士。

Sandow 创建的 Institute of Physical Culture 通过空间氛围的营造,在英国为负重训练乃至健身运动"正名",成功地让社会的中上层人士接受了负重训练的健身方式,极大地推动了健身文化在更大范围的传播。

三、健身"训练室"

健身"训练室"出现于商业健身产业逐步成型的 20 世纪初。随着健身、肌肉形体不断被越来越多人所接受并向往,越来越多和健身相关联的活动出现,身材健硕的肌肉者不再只能通过"肌肉表演"谋生,20 世纪初,健美运动员、肌肉演员等的出现都标志着"健身产业"开始逐步形成。商业健身房原本的交流和宣传形体美和肌肉文化的"舞台"意象开始从健身空间中脱离,成为独立的 Muscle Beach 或是健美比赛等更为具象的健身文化宣传形式;而健身空间本身的功能性和使用效率开始强化。健身"训练室"正是在这样的背景下应运而生。

健身"训练室"相比健身"舞台",最大的区别在于空间效率的巨大提升和空间品质的急剧下滑。其主要包含了 Muscle Beach 时期的"地牢健身房"和传承者 Gold's Gym,也包含了中国在力量文化启蒙时期的上海健身学院以及 70 年代的举重和健美比赛训练室。

1. "地牢健身房"

Muscle Beach 作为 20 世纪极为独特的一个"健身场",

成功开创了以负重训练为核心的"力量"健身文化的新时代。而作为 Muscle Beach 背后的重要支持和圣莫尼卡"公共健身空间体系"的重要组成部分，圣莫尼卡大量商业健身房在这一时期也起到了极为重要的健身文化推动作用。如果说 Muscle Beach 是一个巨型的公共健身"舞台"，那么同时期的大量商业健身房就是极其重要的"后台"。事实上，虽然 Muscle Beach 上有大量的健身训练场地和主题活动，但对于专业的"肌肉训练者"来说，健身房内依然是最主要的训练空间。

Muscle Beach 时期，圣莫尼卡及周边若干城市的大量商业健身房规模都不大，大多数都由当时的著名的"肌肉训练者"开设，同时自己兼做教练；这同 Attila 和 Sandow 甚至是特里亚都是一致的。然而相比后者，尤其在 Muscle Beach 前期，这些健身运动的先锋更为专注于健身运动本身以及健身文化的传播，对于健身房空间本身的思考很少；同时光顾健身房的人群也较为小众和固定，多为专业的健身运动员、肌肉演员等，因此这些健身房大多定位为"专业肌肉训练房"，对于健身本身以及健身空间的使用效率研究较多，但对于空间营造的思考极少。其结果就是在 Muscle Beach 早期，大部分的健身房都极其简陋，甚至破旧。Murray 的《Muscle Beach》一书中，描述一个名为 Kelly's Gym 的健身房：

> 入口旁的一个向下的台阶延伸到了一个很脏的堆满健身器械的大房间。透过一个很小的金属框窗户可以看到上方人行道的空间。地面上有很多不同大小的洞，这些是健身者将负重扔到地上的时候留下的；由于墙面和顶棚都破裂，下雨天地面上会出现积水。健身房中住着老鼠，也住着肌肉训练者们。久而久之，他们称它为"地牢"❶。

❶ Murray E. Muscle Beach [M]. London: Arrow Books, 1980: 47.

图 5-10　Muscle Beach 健身房（1955 年成立）内部场景

资料来源：http://ditillo2.blogspot.tw/2012/01/muscle-beach-inc-arnold-j-hansen.html

　　这些处于地下室的健身房（图5-10）几乎没有经过任何的空间设计，就是一个低矮的地下室房间。考虑到当时的建造水平，这些地下室无论是光线还是通风环境都无法同地面层相提并论，不难想象在这样的空间中大量专业"肌肉训练者"进行训练，空间环境是极其"脏乱差"的，将其称为"地牢"也是极为贴切的。因此，也就不难理解，这样的空间是完全面向男性的，也基本不配备女性的更衣室 **❶**。从功能定位来看，这种"地牢"健身房是当时飞速发展的"健美"产业，尤其是在美国西海岸，在物质上的体现之一：社会中专业健美运动员、"肌肉表演者"以及肌肉演员等同健美紧密相关的行业已经成型，进而出现了进行负重训练以保证肌肉身材的强烈需求，而基督教青年会的健身房的训练体系和目标同负重训练不匹配，这就促使在健美产业极为突出的西海岸出现了大量极其"简易"的以满足训练功能为核心的健身"训练室"。

　　当然，也并非所有健身房的环境都如 Kelly's Gym 一样的极端。维克·坦尼（Vic Tanny）在圣莫尼卡的健身房虽然也位于地下室，但为了向当时的人们普及负重训练的方式和

❶ Chaline E. The temple of perfection：A history of the gym［M］. Reaktion Books，2015：145-146.

哑铃、杠铃等器械的使用方法，他们在健身房的上层开设了特别的展览区域，以吸引更多对于负重训练有兴趣的人；展览受到了人们极大的欢迎，维克·坦尼本人曾笑谈，"我很惊讶为什么楼板怎么还没有陷下去"❶。该健身房受到了极大的欢迎，美国早期好莱坞肌肉影星史蒂夫·李维斯曾回忆说，当时 90% 的 Muscle Beach 上的"大块头"（Muscle-head）都会来 Vic Tanny's 健身房训练❷。

　　虽然单纯从空间品质的角度来看，相比 Muscle Beach 之前的 Attila 和 Sandow 的健身"舞台"，"地牢"健身房在空间层面是毫无疑问的"倒退"，通风、光照环境都难以达到舒服的标准，更不用说同 Attila 和 Sandow 一样追求空间的品质和高端的定位等；仅仅面向男性的状况甚至是倒退到了古希腊。然而从健身文化层面来看，"地牢"作为 Muscle Beach 早期的最为普遍的商业健身房形态，有着极为贴切的时代特色。Attila 和 Sandow 虽然在健身房空间形态上有重大的进步，但大部分的工作都在努力推广力量健身文化，力求吸引更多的人走进健身房，因此 Attila 营造了简洁而精致的洋溢着健美文化的沿街健身房，而 Sandow 则使用奢华的建筑语言营造了极为高端的健身房环境，这些或多或少都偏离了健身运动，尤其是以力量和形体美为核心的力量文化本身。而到了 Muscle Beach 时期，健身文化不再小众，其本身已经足够具有吸引力，Muscle Beach 的火爆就是最为直观的印证；商业健身房可以全力"回归"负重训练和力量文化的本身。空间"倒退"的背后正是"力量文化"的回归：高端的装饰、舒适的环境对于健身运动来说已经不再重要，同伙伴共同使用器械进行锻炼、交流经验、挥汗如雨成为以负重训练为核心，以力量和形体美为目标的商业健身房的唯一和全部内

❶ 原文为 I'm surprised the floor didn't just cave in（Rose M M. Muscle Beach: Where the best Bodies in the World started a fitness revolution [M]. New York: AN LA WEEKLY BOOK, 2001: 60.）

❷ Todd J, Todd T. The Last Interview [J]. Iron Game History, 2000.12, Volume 6 Number 4, p 1–14

容："舞台"已不再重要，配备健身器械的"训练室"就已经足矣。

2. Gold's Gym

经历了 Fitness 文化的"洗礼"，商业健身房逐步向多元的"模块"模式发展。然而，"地牢健身房"的健身氛围依然被大量"专业肌肉训练者（Muscle-head）"所钟情，尤其在西海岸。1965 年，作为经历过 Muscle Beach 和"地牢"健身房的锻炼者，乔·金（Joe Gold，1922—2004）在距离圣莫尼卡不远的 Venice 开设了他的第一家 Gold's Gym ^(图 5-11)。虽然 Muscle Beach 已经关闭，但"地牢健身房"的氛围依然为大量健身爱好者所喜爱。乔·金正是基于这一考虑，一反由维克·坦尼引领的商业健身房对于高品质健身环境的追求，重新以"地牢健身房"对于肌肉和力量的纯粹的追求为内核，弱化背景音乐、高档器械、SPA 等对于负重训练本身的干扰，打造了具有"复古"风格的 Gold's Gym。这一举措切中了西海岸浓郁而"古典"的力量文化氛围，加上大量好莱坞肌肉明星的加入，Gold's Gym 取得了巨大的成功。至今依然活跃的阿诺德·施瓦辛格就是 Gold's Gym 的"形象代言人"。

从空间角度来看，Gold's Gym 在空间品质和健身环境上基本是"地牢健身房"的升级版。虽然已经是 20 世纪 60 年代，Gold's Gym 依然没有背景音乐，没有私人教练，没有广受大众欢迎的团体操课，没有饮料和健康食品的零售；训练环境对于女性健身者依然不友好。在 Venice 的 Gold's Gym 中，"混凝土的地面上放置着长凳，人们进行地板运动和膝盖着地的时候必须铺设橡胶垫进行；墙面上是放置哑铃和杠铃片的架子，而整个健身房空间的中间区域是一些大型器

图 5-11　Gold's 健身房入口立面
资料来源：https://physicalculturestudy.com/2015/04/30/the-history-of-golds-gym/

图 5-12　Gold's 健身房内部的镜子墙
资料来源：http://www.joeweider.com/photos/golds-gym/

图 5-13　施瓦辛格在 Gold's 健身房中训练的场景
资料来源：http://www.schwarzenegger.com/index.php/forums/viewthread/678/

图 5-14　Gold's 健身房中拥挤的健身环境
资料来源：https://physicalculturestudy.com/2015/04/30/the-history-of-golds-gym/

图 5-15　当代 Gold's 健身房的入口、部分有氧区以及力量器械区
资料来源：http://www.goldsgym.com/veniceca/

械，如史密斯架、深蹲架等；整个空间唯一显得跟上时代的室内设计就是镜子墙"^{（图5-12）}❶。作为"地牢"健身房的"升级版"，虽然已经不再位于地下室，室内也更为干净整洁，但同 60 年代的 Vic Tanny's 相比，缺少了休闲娱乐的功能区域，整体的配置上显得落伍；器械排布更为密集，空间显得更加紧凑不够宽敞，加上大量健身者都是身材魁梧的"大块头"，整个健身房总是"人挤人"；而且最为明显的，在健身房中基本看不到女性健身者的身影^{（图5-13、图5-14）}。即便如此，Gold's Gym 在空间以及功能的"倒退"可以认为是一种对于"地牢健身房""灵魂"的继承：以最纯粹的方式回归负重训练本身。Gold's Gym 的成功也重新向大众传达，以"力量"文化为核心的健身运动是一种休闲娱乐，但更是一种对于自身的训练和磨砺。

❶ Chaline E. The temple of perfection：A history of the gym［M］. Reaktion Books，2015: 153.

值得一提的是，Gold's 健身房的空间通过一部电影被完整地记录了下来。1977 年的电影《Pumping Iron》就是一部完全以位于 Venice 的 Gold's 健身房为背景的类纪录片。它讲述了以施瓦辛格为主的诸多健美运动员在 Gold's 健身房训练，为 1975 的 Mr. Olympia 健美比赛做准备的全过程。当时的施瓦辛格还不是一线的好莱坞肌肉明星，该电影也很难算得上他的代表作。但作为一个以专业健身运动员的参赛历程为题材的电影，它极大地推广了健身文化，尤其是以更强壮肌肉为目的的"力量"文化，很大程度上提升了人们对于健美身材的接受度；此外，《Pumping Iron》也为拍摄地 Gold's 健身房进行了无形的宣传，进一步确定了它在专业健身训练者心目中"健身文化圣地（Mecca of Bodybuilding）"的地位。

虽然主要面向专业和较为热血的以肌肉为目标的训练者，但 Gold's Gym 这种专业健身"训练室"依然凭借明星效应和西海岸浓郁的力量文化氛围取得了巨大的成功，促使大量普通的健身爱好者前往类似 Gold's 的健身"训练室"中体验"热血"的氛围，感受"no pain no gain"的自我提升的过程。由"地牢健身房"开创，由 Gold's Gym 传承的健身"训练室"空间模式在 Fitness 文化的"洗礼"下，开创了同"模块化"截然不同却又独具特色的公共健身空间模式，其影响力延续至今 ^{（图 5-15）}。

3. 上海健身学院

在中国，以负重训练为核心，以"健美"运动为依托的健身运动自 20 世纪 30 年代开始逐渐出现，其中上海的赵竹光是推动中国健美发展的关键人物。作为我国近代健美运动的创始人 ❶，赵竹光于 1930 年创立了中国第一个健美民间组

❶ 赵竹光（1909~1990）（上海市地方志办公室）［EB/OL］.［2016-06-26］. http://shtong.-gov.cn/node2/node2245/node4455/node15142/node15144/node60898/userobject1ai49762.html.

织"沪江大学健美会"❶。

1939 年，赵竹光同另外两位沪江大学的毕业生共同成立了"肌肉发达法研究会"；这是中国历史上第一个健美研究会。同年，应社会中大量涌现健美训练的需求，赵竹光借用旧大都会溜冰场的一个汽车间作为健身房❷，开设公共的健身课程；然而由于环境恶劣，随即搬至南京西路 1491 号二楼❷，并最终于 1940 年以此为基础成立了中国第一个健美学校"上海健身学院"（图5-16），办学宗旨是"推行科学化的健身方法，锻炼身体，增进健康"❷。该学院以班级为单位开设课程，每班 12 人；其授课包括"徒手、自力锻炼、哑铃、杠铃、西洋拳击等运动"，且"一切锻炼课程，均由赵竹光先生编订之"❷，同 Gymnase Triat 的运营模式极为类似。除了开设运动课程，学院还组织健身相关座谈会、俱乐部活动，对健美和健身的知识进行学习讨论。

作为中国第一个以"力量"健身文化为依托的公共健身空间，通过文字记载（其之前是租用汽车间，而后是租用建筑的二楼的房间）不难看出，其空间均是较大的室内房间，其内设置了"哑铃、杠铃、吊环、划船器、吊绳、罗马凳、沙袋、药球、纱袋、单双杠、斜板等各种新式健身器械"❷，其中吊环、单双杠等依然是传统 Turnen 体系的训练器械，而哑铃、杠铃、罗马凳乃至划船器，则为负重训练器械的重要代表。

"上海健身学院"取得了极大的成功，其参与者大多为"各大、中学校的学生，包括教室、剧作家、演员和导演等"，其学员数最多达到了 500～600 人，场地也显得局促。抗战结束后，由于房租到期，健美学院只得搬出，在陕西北路的一片空间上自建了木屋进行训练。新中国成立后，1959

图 5-16　上海健身学院学员

资料来源："上海健身学院学员"，上海历史图片搜集与整理系统（http://211.144.107.196/oldpic/sites/default/files/public/oldphotos/40000/L1141978138187.jpg）

❶ 全国体育学院教材委员会. 健美运动 [M]. 北京：人民体育出版社，1991：11.

❷ 赵竹光. 上海健身学院（1940-1959）[G] // 体育文史资料编审委员会. 体育史料·第 1 辑. 北京：人民体育出版社，1980.

年，赵竹光将健美学院无偿交于静安区体委；这也标志着中国第一个健美学校长达**19**年的探索和尝试画上圆满的句号❶。

综上，"上海健身学院"作为中国第一个私人运营的具有商业性质的公共健身空间，其在空间层面是极为简陋而功能化的，完全符合以"地牢健身房"为代表的健身"训练室"模式。如前文所说，"训练室"必然依托于一个独立的"舞台"，上海健身学院的舞台则正是中国的男子健美比赛。在赵竹光的牵头下，协同现代体育馆和上海基督教青年会，借鉴西方的健美比赛，**1944**年**6**月**7**日，在上海八仙桥青年会礼堂举行了中国第一次的男子健美比赛❷。这也从侧面反映了在"力量"健身文化的早期发展过程中，基督教青年会以及精武体育会❸等社会公共健身组织都给予了支持和推广；传统健身文化（精武体育会等）、"体操"健身文化（基督教青年会）和"力量"健身文化（上海健身学院）互相合作，共同推动了整体健身文化的推广。

4. 北京业余工人举重队训练场和健美比赛训练室

改革开放时期，以健美比赛和肌肉训练为主的健身运动重新出现。"北京业余工人举重队训练场"位于北京市工人体育场**24**号看台，由娄琢玉于**1972**年设立。举重运动本身就是一种极具代表的负重训练方式，因此其训练方式同力量健身是极为相近的，加上该训练场面向业余的举重运动，具有一定的公共性，笔者认为北京业余工人举重队训练场是当代中国公共健身空间的前身。

80年代，随着**1983**年**6**月第一届"力士杯"男子健美邀请赛在上海举行❹，健美运动正式从举重运动中独立出来，大量业余健美训练班开始出现，如广州大众健身馆（谭文彪，

❶ 赵竹光. 上海健身学院（1940–1959）[G] // 体育文史资料编审委员会. 体育史料·第1辑. 北京：人民体育出版社，1980.

❷ 李大威，吴艳，韩放. 健身运动[M]. 哈尔滨：东北林业大学出版社，2002: 11.

❸ 杨世勇. 中国健美史略[J]. 成都体育学院学报，1988 (3): 29–33.

❹ 郭庆红，王琳钢，刘铁民，等. 忆往昔峥嵘岁月稠——上世纪八十年代健身健美运动发展回顾[J]. 科学健身，2011 (11): 77–87.

图 5-17　20 世纪 80 年代的老健身房
资料来源：郭庆红等，2011：83.

图 5-18　1989 年工体位于地下室的健身房
资料来源：郭庆红等，2011：83.

1980）、北京新街口工人俱乐部的女子舞蹈形体班（刘利群，1981）、春城健美训练班（后改名为云南春城健身院，贺保民，1982）、北京地坛体育场举重室健美班（1982）、北京南长安街职业培训学校健美班（1982）、南京健美中心（陈久荪，1982）、北京工人体育场健美班（1983）、北京什刹海体校健美训练班（1984）、首都钢铁公司健美协会（1985）、东城区内务部街康华健美研究所健美班（1986）等❶。同"地牢健身房"和 Gold's Gym 的定位极为类似，这些健美"训练室"主要面向业余的运动员，因此具有极高的专业性，而相应的在空间层面对于普通大众也不那么亲切和欢迎^{（图 5-17、图 5-18）}。它们大多数都是依附于体育馆，利用其中的某个房间临时改造而成；由于训练内容和器械也极为简陋，大多使用杠铃作为唯一的器械，少数会采用哑铃甚至是自制的"铁家伙"❶，而基本训练内容为最为传统的大重量的卧推、硬拉等动作；加上当时绝大部分的健美专业运动员都为男性❷，女性健美专业运动员较少，这些健身房也基本属于"男性"的空间（同前文的"地牢"健身房极为类似）。同时，社会中也出现了以女性为目标群体的女子健美训练班、形体班；

❶ 郭庆红，王琳钢，刘铁民，等. 忆往昔峥嵘岁月稠——上世纪八十年代健身健美运动发展回顾 [J]. 科学健身，2011（11）：77-87.

❷ 1985 年 5 月，女性首次登上中国的健美比赛舞台；同年的第三届"力士杯"健美比赛也专设了女子表演赛。次年的第四届"力士杯"健美比赛正式将女子健美设为正式比赛项目，并要求着国际统一的"三点式"比基尼泳装比赛；这也标志着面向女性的女子健美比赛在中国的正式出现（郭庆红等，2011：81）。

其内空间则类似"舞蹈室",女性训练者在教练的带领下跟随音乐进行相应舞蹈动作的训练 ❶。

这些中国第一批具有商业性质的健身"训练室"依托举重和刚刚兴起的健美竞技比赛,通过业余健美训练的模式,向大众普及了公共健身文化,尤其是负重训练的力量健身文化。它们为之后 Fitness 文化的引入和健身从"健美"中的独立奠定了坚实的群众基础。

四、健身"模块"

健身"模块"脱胎于健身运动类型的多元化。健身空间的模块化最早出现于 19 世纪的英国牛津健身房(Oxford Gymnasium)中。20 世纪中叶,由于 Fitness 理念的出现以及诸如慢跑文化、电视健身的出现,健身运动的内容和方式开始向着多元化发展。"模块"化开始在健身空间中重新兴起:健身空间不再是固定的训练内容和空间模式,而是以更为包容的态度,将具有不同健身性质的体育运动方式纳入健身空间中;各种不同的健身运动方式通过"模块"的方式在相互独立的基础上,保持空间和运动层面的互动,进而形成具有综合性的健身空间。

1. 牛津健身房(Oxford Gymnasium)

作为近代体育大国,英国在 19 世纪发明了足球、英式橄榄球、板球、羽毛球、网球、壁球等当代竞技体育项目;然而在健身文化历史上,英国却一直缺席。竞技体育强调竞技性,即"输赢"、"第一"等,通过竞争带给参与者更强烈的刺激;相比之下,健身运动虽然能够更为全面的提升参与者

❶ 郭庆红,王琳钢,刘铁民,等. 忆往昔峥嵘岁月稠——上世纪八十年代健身健美运动发展回顾 [J]. 科学健身,2011 (11): 77–87.

的健康，尤其是面向青少年，但相比之下显得较为平淡，缺少明确的目的性，在英国并不流行。

牛津健身房建于 1858 年，由英国的体能先驱、校园体育老师 Archibald MacLaren（1820—1884）主持。其本质上是一个私人健身房，具有一定的商业性质。Archibald MacLaren 认为健身空间应当位于室内，这样可以更为自由而系统的针对健身运动进行空间设计，包括器械排布、照明通风等，并且可以在冬天人工供暖，保证健身空间的品质，进而保证健身运动的品质 ❶。这些理念都在牛津健身房上得到了实现。该健身房长 25.6m，宽 13.7m，建筑师为 William Wilkinson（1819—1901）。作为一个专门为健身房打造的建筑，牛津健身房室内空间共 2 层，单层层高约 5m。建筑墙面大量设置玻璃窗，夏季打开可用于通风；冬季则通过吹拔上空天顶侧边的玻璃窗提供新鲜空气；值得一提的是，该建筑还如 MacLaren 所预想的，配备了当时非常先进的供暖系统 ❶。

19 世纪后半叶，英国体育文化由竞技体育所主导，健身运动完全由德国和法国等欧洲国家引入，且由于受众很少，自身发展极为有限，健身空间本身没有经过本土化的处理，只是"生硬"的将特里亚的健身操、Turnen 的经典器械训练以及大众喜爱的击剑训练强行组合，进而形成了"模块化"的空间思路。作为第一个采取"模块化"的健身空间，牛津健身房内可以清晰的分为 3 个分区：一层为器械区，包括吹拔部分的攀爬器械区；二层一半为团体操课区，参照 Illustrated London News 的新闻图 ❷（图 5-19），其采用的是由特里亚创立的负重器械操训练模式；另一半为击剑训练区。"模块化"的健身分区使得器械训练、团体操课等不同类型的训练可以同时进行，这正是大部分 Turnhalle 甚至是 Gymnase

❶ The Oxford Gymnasium［J］. Jackson's Oxford Journal, 29 January, 1859.

❷ The Oxford Gymnasium［J］, The Illustrated London news, Nov 5, 1859.

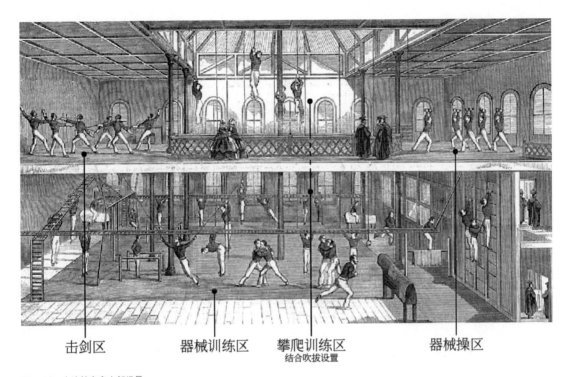

击剑区　　　　　器械训练区　　　攀爬训练区　　　　器械操区
　　　　　　　　　　　　　　　　　结合吹拔设置

图 5-19　牛津健身房内部场景

资料来源：笔者改绘自 The Oxford Gymnasium[J]. The Illustrated London news, Nov 5, 1859.

Triat 的"健身厅"做不到的。

　　牛津健身房在分区"模块化"空间的基础上，通过建筑中的吹拔，形成了一个直通屋顶的高 18m 的高空间，串联了 3 个不同训练项目的分区。这样的设置无疑使得整个健身房更为开敞，视觉上更为通畅。同时，吹拔也巧妙地解决了 Turnen 体系室内健身空间在纵向上的限制，通过在吹拔中设置直通屋顶的爬杆和垂下的爬绳，保证了攀爬类训练的可能，进而消解了"健身厅"单调的空间感。

　　牛津健身房造成了一定的社会影响，设计者 MacLaren 也无疑成为英国身体训练的重要先驱，并于 1867 年归纳自己的教学经历出版身体训练体系的研究书《A System of Physical

Education》。虽然牛津健身房并没有真正推动英国健身文化的全面发展，但在空间层面，"模块化"的空间思路成功地将 Turnen、"力量团操"、击剑等成熟的训练体系和空间加以融合，是极为先进的。这种融合没有出现在当时有着悠久健身文化和空间实践历史的德国和法国，而是在健身文化基本靠引入的英国，正是因为前两者都关注于各自传统的身体训练空间本身的更新和传承，几乎没有不同文化之间的碰撞与互动；而在英国，这种不同健身文化空间的隔阂得以抹去，进而形成了多种训练模式的融合和空间结合❶，分区和"模块化"正是这一结合的最突出的体现。

2. Vic Tanny's 连锁健身房

健身"模块"全面爆发于 Muscle Beach 之后的 50-60 年代。其中最具代表和影响力的是 Vic Tanny's。

维克·坦尼早在 Muscle Beach 时期就开设了类似"地牢健身房"的健身室，取得了极大的成功。以此为基地，维克·坦尼在西海岸又开设了 3 个健身房，形成 Vic Tanny's 连锁健身房品牌。50 年代，这一连锁品牌快速发展，成为 20 世纪 60 年代初最具影响力的健身房品牌❷。

维克·坦尼希望健身房能够呈现出整洁、明亮的"会所"气息，不仅给参与健身训练的人带来愉悦的健身体验，而且能够以其独特的空间气质感染来健身房的参观者，吸引他们参与到健身运动中来；这一目标早在 1935 年在纽约开设的第一家健身房时就开始尝试。Vic Tanny 心中理想的健身房空间是"干净、整洁和舒适的，训练区域有舒缓的音乐，铺设地毯并有大片的镜子墙，区域内整齐陈列着没有灰尘的圆形杠铃片等自由器械以及负重训练器械"❸。这种"高品

❶ 下文中，健身文化的又一次飞跃向美国转移，也是类似的因素。

❷ Rose M M. Muscle Beach: Where the best Bodies in the World started a fitness revolution [M]. New York: AN LA WEEKLY BOOK, 2001: 70.

❸ Chaline E. The temple of perfection: A history of the gym [M]. Reaktion Books, 2015: 148.

图 5-20　洛杉矶矶东的 Vic Tanny's 健身房
（右侧店铺招牌）
资料来源：https://www.flickr.com/photos/
ozfan22/4530262728

图 5-21　维克·坦尼连锁健身房开业海报
资料来源：http://studioreneau.com/Bodybuilding/BodybuildingDannyTanny.html

图 5-22　维克·坦尼和健身房中干净整
齐的环境
资料来源：http://www.gettyimages.ie/
detail/news-photo/gym-owner-vic-
tanny-in-one-of-his-60-gyms-
exercising-news-photo/50349136

图 5-23　Vic Tanny's 健身房中的女健身者
资料来源：http://www.gettyimages.ie/
detail/news-photo/gym-owner-vic-
tanny-in-one-of-his-60-gyms-news-
photo/50349139

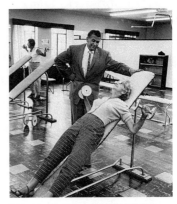

图 5-24　Vic Tanny's 健身房中的老人
资料来源：http://www.gettyimages.ie/
detail/news-photo/gym-owner-vic-
tanny-in-one-of-his-60-gyms-with-
his-mother-news-photo/50349135

质健身空间"终于在 20 世纪 50 年代得以实现^{（图5-20、图5-21）}。

借助 1958 年一批由《LIFE》杂志拍摄的维克·坦尼和他
的健身房的照片^{（图5-22~图5-24）}，不难发现，Vic Tanny's 连锁
健身俱乐部已经同当代大量的高端健身会所在空间氛围上基

本一致，甚至有过之而无不及。大量玻璃窗的使用使整个空间敞亮，地面和器械都一尘不染，大面的镜子墙让健身者提供观看自己动作的同时，也使得整个会所显得更为宽敞；会所中的器械摆放松散而整齐，而墙上的挂画等自 Attila 开创的健身房元素也保留下来，成为健身文化的重要渲染；总的来说，维克·坦尼的健身房完全改变了 Muscle Beach 早期"地牢"健身房原始的男性气息，无论在空间尺度还是空间氛围上变得更为"柔软"而亲切。值得一提的是，照片资料中大量出现了女性训练者（图5-23、图5-24），这也正是高品质的健身空间和干净整洁优雅的健身体验带来的定位和目标人群的转变。此外，Vic Tanny's 健身房中还结合了游泳池、壁球等较为流行的运动类型，甚至针对女性的 SPA 也在一些俱乐部加入进来，将健身由一种有明确目标的"训练"行为转变成为一种健康的生活方式，而健身俱乐部也由彻底的负重训练场转变为以负重训练为核心，Fitness 和健康生活为目标的休闲娱乐运动"会所"。

Vic Tanny's 连锁健身房奠定了商业健身房"模块化"的发展方向。放置杠铃、哑铃以及大量固定器械的力量训练区是商业健身房的核心区域，而操房、瑜伽室、游泳池、壁球室、SPA 甚至是健康食品、运动服饰的零售都以"模块"的空间模式，同力量训练区相结合，形成不同定位和侧重的健身空间。

3. 北京马华健身房

90 年代，中国国内出现的大量早期的"健美训练场"由于有着较高的训练门槛，因此，随着经济危机资金缺乏，他们被迫转型，拉低健身训练门槛以让更多人参与到健身活动

图 5-25 马华健身房内部操房

资料来源: http://51fit.com/2011-08-08/26207.html

中；与此同时，随着健美运动的铺垫，普通大众已经初步产生了"健身"意识。这些都推动"力量"健身运动逐步从"专业健美训练"中独立出来，成为一种独立的休闲运动方式。这一时期，最具代表的就是北京的马华健身房。

1995 年中央电视台由马华（1959—2001）主持的《健美 5 分钟》引起了巨大的社会反响。由马华教练自创的"健美操"通过电视媒介的传播，受到了社会极大的关注，使得"健美操"成为一种极受欢迎的大众健身方式 ❶。甚至，"健美操"成为部分人心中"健身"运动的代名词。

顺应这一健身文化的发展，以"健美操"为主要训练内容的商业健身房开始出现。1998 年中国第一家个人品牌健身房——马华健身房——就是以马华独创的"健美操"为卖点的商业健身房（图 5-25）。其空间上，在原本健美"训练室"的基础上，加入独立的健美操房空间，进而形成"模块化"的健身综合体。这种"器械训练区＋操房"的空间模式带来的

❶ 包蕾蕾. 中德健身业对比和发展趋势新探 [J]. 首都体育学院学报, 2009 (2): 172.

是健身训练的共赢：操房凭借更高的人气为器械训练区带来更多的潜在健身者，进而带来器械训练方式，乃至力量文化的进一步普及；同时器械训练区也为操房提供更为全面和完备的健身训练体系补充。可以说，90 年代由马华健身房引领的"器械训练区＋操房"模式奠定了当代中国商业健身俱乐部的基本框架模式。

90 年代，除了马华健身房，同时期的信华健身、浩沙健身（1999）、张贝健身等都是具有一定影响力的商业连锁健身房品牌❶。在这一波"健美操"热潮的带动下，健身房从健美"训练室"的既定模式中独立出来，进一步由小众专业的社会定位向大众化转变。同时，"器械训练区＋操房"的"模块化"健身房空间模式也随着"健美操"的火爆而被大众普遍接受，成为了当代商业健身房最为经典的模式。

4. 青鸟健身兆龙店

21 世纪初，北京申奥的成功大大提升了人们对于体育的热情，而非典的发生也进一步唤起了民众更强的健康意识❶。顺应愈加猛烈的体育运动热潮，经过数年的积累，中国的健身产业也初具规模；而随着 Fitness 文化和欧美连锁健身房品牌的引入，中国的商业健身房的"模式化"进一步深入，游泳池、拳击室以及 SPA❶ 功能也开始以"模块"的形式加入商业健身房中。这一时期最具代表的是 2001 年中国首个高端健身房品牌"青鸟健身"的出现❶。

2001 年的青鸟健身中心位于北京朝阳区三里屯的兆龙饭店的裙房的西端，平面上约为 36m×15m 的长方形，高 6 层；虽然同兆龙饭店的大堂在建筑体量上相连，但同饭店相互独立运营，有自己独立的出入口。整个健身中心内部装潢趋

❶ 包蕾蕾. 中德健身业对比和发展趋势新探［J］. 首都体育学院学报，2009
(2): 172.

于精致，虽然单层面积并不大，但 6 层的高度使得内部功能分区更为明确：一层为单车房和拳击台；二层为更衣室以及购物区域，售卖运动营养品以及健身服饰；三层至五层为力量训练器械区，其中三层为跑步机、登山机以及椭圆仪等有氧器械，四层和五层为杠铃、哑铃以及大量新的负重训练器械；六层整层为大型的操房；不难看出，青鸟兆龙店结合了拳击、单车、健美操等诸多同健身文化相关的运动项目，通过丰富的健身运动项目来吸引不同的健身人群。在其 2012—2013 年的改造更新中，更是加入了健康饮料店、SPA 和按摩等功能"模块"，进一步丰富了其内的健身甚至是健康养生的活动，巩固了其高端的品牌定位。

除了"青鸟健身"等本土品牌，国际连锁健身俱乐部品牌也逐步进入中国。其中最具代表的是"中体倍力（Bally）"；其 2002 年北京长安店也是中国第一个国际连锁健身房。总的来说，以青鸟健身兆龙店为例的中国当代商业健身房（图5-26），完全借鉴了美国 Vic Tanny's 的"模块化"的空间模式，通过在力量训练区和健身操房的基础上，引入更多同健身运动相关的功能空间，丰富了其中的健身方式，扩大了健身房的覆盖人群，进而扩展了健身文化的主题。

图 5-26　青鸟健身兆龙店内的动感单车房（左）、器械训练室（中）和综合操房（右）
资料来源：杨帆 摄，2017 年 3 月 10 日

五、"健身室"空间特点

在"健身'舞台'"、"健身'训练室'"和"健身'模块'"三种空间类型的基础上，本节将归纳"健身室"这类室外的公共健身空间在规划布局、内部空间以及内部行为等层面的特点。

1. 商业化的规划布局

"健身室"作为一种极为小型化的室内公共健身空间，其规划布局层面同"健身厅"的"依附"模式截然不同。

以力量健身文化为核心，并不具有同 Turnen 类似的健康教育背景，"健身室"具有更为自主的商业化运营模式。这意味着"健身室"是一个独立的提供健身服务的社会机构，不再依附于校园等。因此，在规划布局层面，不再简单地同校园等"捆绑"，变得更为自由和商业化，即根据健身的市场需求进行分散化的设置。在 Muscle Beach 时期，西海岸以圣莫尼卡为中心分布了大量的独立的商业健身房，而同时期的东海岸的城市中则较为少见。也正是因此，这种完全独立自主的规划布局模式对于力量健身文化有着极强的敏感度。

另一方面，这种规划布局层面的商业化也反映在其定位人群的自主。不同于"健身厅"由于其"依附"的模式致使其被动的顺应既有的健身目标人群，不同定位的"健身室"可以根据自身品牌的定位、侧重的训练内容等制定截然不同的目标人群，甚至是专门面向女性的健身房。健身"训练室"目标群体偏向专业，因此多分布于健身产业较为成熟，有着"地牢健身房"传统的西海岸，而如 Vic Tanny's 的模块化健身房更为面向普通大众，因此多设置在健身文化普及较低的东海岸。

2. 小而精致的空间形态

　　"健身室"在内部的空间层面最大的特色在于小型化和精致化。

　　小型化表现在空间本身在尺度上相较"健身厅"明显缩小：由大厅空间变成了一个沿街的商铺规模，最为直观的对比就是 Gymnase Triat 和它的传承者 Athletic Studio 在空间规模上的巨大差异。造成"健身室"小型化的核心因素是训练方式和内容的转变。"健身室"中的训练是以肌肉和力量为主要的目标，并非"健身厅"一样有着明确的健身教育的背景，因此更为偏向于自我提升和一种生活方式，不再受到团体训练的限制，无论在时间上还是内容上都极为自由。同时，训练方式以负重训练为主，相应的健身器械基本以小型的杠铃、哑铃以及人尺度的固定器械为主，高而大空间的需求不复存在。综上，"健身室"中的健身行为不再需要一个类似"大厅"的空间来承载，出于独立的商业运营的考虑，空间小型化的趋势逐步凸显。

　　在小型化的基础上，"健身室"中有了更多的余地来营造和烘托健身或是自身的主题，进而达到内部空间的精致化。其最为突出的表现在"舞台"空间意象的构建以及内部大量健身相关元素的出现。精致化的探索源于 Gymnase Triat，通过在健身空间中引入"表演"与"观看"的空间关系，拓展了健身房的面向人群，丰富了健身房空间内的空间行为类型。而到了 19 世纪末，这种"舞台"的意向随着空间小型化的进程，凝练为内向型的空间布局和"镜子墙"、"健身明星照片墙"等空间语言，原本固定的"表演"与"观看"空间关系也演化为"互相借鉴"和"自我欣赏"。这些健身相关建筑元素的出现极大的凸显了"健身室"的主题。

3. 多样而包容的训练方式

"健身室"内的训练最大的特点在于训练内容和方式的不固定和多元，而空间层面的"分区"逻辑则是保证多元化健身训练方式的基础。

"分区"的健身空间逻辑指在一个完整的诸如牛津健身房的健身房中，针对不同的训练项目，通过横向和竖向的固定分区，形成完全不同的独立训练区域，保证每个区域都可以在同时间进行训练使用。"分区"带来的是空间功能的多样性。负重的力量训练依然占据最核心和最主要的空间和功能位置，团体操房的出现以及专业的操课团队出现（如 Les Mills 公司，以编排不同类型的操课、培训专业操课教练等为主业）促使大量希望减肥塑形的人进入健身房；瑜伽操房、桑拿、SPA 的引入吸引了大量的女性进入健身房；游泳池、室内体育场的结合甚至喧宾夺主；而健康餐饮、运动补剂、运动服饰的零售等衍生功能的加入更是让当代公共健身空间变成了运动健康综合体。不仅如此，器械区、操房区、游泳区对应的有氧、无氧、游泳等不同训练方式相互结合，形成了更为多元而全面的健身训练模式，不同的健身者可以根据自身的需求选择不同的训练内容，如崇尚肌肉的男性训练者可在有氧区少量热身后在器械区进行负重训练，而力求保持身材的女性训练者则可结合器械区的负重训练和操房区的有氧操课进行训练；而这些都可以在一所商业健身房中进行。不仅如此，不同类型训练者共处一室更是推动了不同类型健身运动方式的进一步交流和融合，进而带来健身运动本身定位的转变：不只是挥汗如雨的负重训练，或是单纯的操房跳舞、瑜伽、游泳，而是一个复杂而多样的运动体系，而其最终达到的目标就是健康积极的生活方式。

不仅如此，这种由"分区"带来的训练内容的多样性具有极大的包容性。早期的牛津健身房中就有专门的击剑训练区，而 20 世纪中叶随着 Fitness 理念的提出，一些球类运动场、游泳池等原本同健身运动关联不大的体育运动项目也被引入"健身室"中。不仅如此，健身相关的书籍、食品的零售也在健身房中出现。只要是任何在室内可以进行的运动方式或是城市功能，同健康相关，就可以以"模块"的方式自然的嵌入现有的"健身室"中。

六、当代中国"健身室"

当代随着大众对于自我形体和健康的不断重视，健身，尤其是以肌肉和形体为目标的健身运动，早已成为大众，尤其是青年人日常生活的重要组成部分。与之相对应的"健身室"自然成为当代最为主流和大众化的室内公共健身空间形式。以北京为例，当代"健身室"主要包括商业健身房和社区健身房两类，其中以前者为主。

1. 当代北京健身"训练室"——社区健身房

社区体育健身俱乐部指在政府的支持下建设的以社区为单位的公共健身场所，与"全民健身路径"类似，是"全民健身"政策下由政府主导的便民设施。以《北京市"十三五"时期社会治理规划》为蓝本，北京市政府计划在未来五年，进一步关注居民"最后一公里"问题❶，形成"一刻钟社区服务圈"，并将其落实为"十大覆盖工程"，包括社区就业服

❶ 市政府常务会研究《北京市"十三五"时期社会治理规划》——"一刻钟社区服务圈"五年全覆盖［N］. 北京：北京日报，2016.6.15: 2

务、社区社会保障服务、社区社会救助服务、社区卫生和计
划生育服务、社区文化教育体育服务、社区流动人口和出租
房屋服务、社区安全服务、社区环境美化服务、社区便利服
务等 ❶。其中社区文化教育体育服务就包括了大量同健身运
动息息相关的服务内容，而社区体育健身俱乐部则是其重要
的空间载体^{（表5-1）}。

　　虽然在社区基础设施中有着极为重要的地位，北京社区
体育健身俱乐部的数量却并不多。全北京现共有社区体育健
身俱乐部 **53** 个；结合全北京划分的社区总数，仅有 **2.4%** 的
社区配备并开放了相应的体育健身俱乐部^{（表5-2）}。与此同时，
从北京各行政区划的比例对比来看，城市中心区域的东城区
达到了 **5.9%**，而西城区、海淀区、丰台区、石景山区均远低
于平均水平；石景山区的社区体育健身俱乐部数量甚至为 0。
北京发展新区和生态涵养发展区中，由于整体社区数较中心
区数量少，比例均为平均值左右，其中，通州区达到了全北
京最高的 **7.7%**。

表 5-1　北京市社区基本公共服务指导目录（试行）（节选）

五、社区文化教育体育服务（节选）	
社区体育设施 建设服务	加强社区全民健身居家工程建设与管理，定期对健身器材进行维护与更新。在具备条件的社区，根据居民需求，建设集健身组织、健身场地、健身活动于一体的社区体育健身俱乐部。
社区群众性 体育组织建设 服务	建立社区全民健身体育协会和各类社区群众体育组织，按照要求设立社区晨、晚练辅导站，配备社会体育指导员，为社区居民提供健身指导服务。
社区群众体育 健身服务	组织开展经常性、日常性、传统性、品牌性的社区体育比赛和各级各类健身活动，增强活动特色和吸引力，提高体育生活化水平。
社区居民体质 测试服务	开展社区成年人体质测定服务，为居民建立体质健康档案。
社区健身宣传 培训服务	在社区举办全民健身大课堂讲座，订阅体育报纸、杂志、宣传材料，经常举办体育骨干技能培训。

资料来源：北京社会建设网，2011

❶ 北京社会建设网. 关于实施《北京市社
区基本公共服务指导目录（试行）》的意
见［EB/OL］. 2011-02-22. http://www.
bjshjs.gov.cn/86/2010/10/18/23@3576.
htm

这些社区健身俱乐部均为室内的运动空间。虽然名为
"健身"，但其所包含的运动内容更为广义，如东城区的景山
街道黄化门社区体育健身俱乐部中，除了健身、健美外，还
包含了乒乓球、台球、自行车、踢毽、蹦迪、秧歌队、步行
队、羽毛球、太极拳、登山队、柔力球等活动项目。同时，
其运营上也基本采用免费的形式，53家社区健身俱乐部中，
38家都是免费开放，占总数的71.8%。

从空间层面，这些室内的社区体育健身俱乐部同健身
"训练室"类似，就是在一个房间中简单设置诸如跑步机等

表 5-2　社区体育健身俱乐部布局及社区配备比例

	社区体育健身俱乐部	2015 常住人口（万人）	单个社区体育健身俱乐部服务人数（万人）
东城区	8	90.80	11.35
西城区	4	129.80	32.45
朝阳区	7	395.50	56.50
丰台区	3	232.40	77.47
石景山区	/	65.20	/
海淀区	7	369.40	52.77
顺义区	5	102.00	20.40
通州区	3	137.80	45.93
大兴区	1	156.20	156.20
房山区	5	104.60	20.92
门头沟区	1	30.80	30.80
昌平区	4	196.30	49.08
平谷区	1	42.30	42.30
密云区	2	47.90	23.95
怀柔区	1	38.40	38.40
延庆区	1	31.40	31.40
共计	53	2170.8	40.96

资料来源：社区体育健身俱乐部资料整理自 北京体育局群众体育数据 [EB/OL]. [2017-04-24]. http://www.bjsports.gov.cn

健身器械。内部空间较为单一，没有经过刻意的设计和思考，大部分也没有明确的分区。整体的空间品质较差，同商业健身房存在很大的差距。这很大程度上是由于这些社区体育健身俱乐部是政府的便民工程，没有商业运营层面的压力迫使其需要通过高品质的健身空间吸引用户。而事实上，在政府层面的全民健身设施体系中，这类社区体育健身俱乐部是以全民健身路径为核心室外公共健身空间在功能层面的补充；而这种室内的以器械为主的健身方式的高门槛本身就与"全民健身"所倡导的低门槛健身方式并不相符，因此这种室内的社区体育健身俱乐部定位较为尴尬，在商业健身房的冲击下，整体使用频率较低。

2. 当代北京健身"模块"——商业健身房

北京当代商业健身房自 21 世纪初进入了高速发展期。作为一种高度商业化的、模块化的小型健身空间，商业健身房在经济规律的主导下，出现在城市的各个大型购物中心、商业街等人口密集区，成为一类极为特殊的商业功能类型。由于商业健身房具有极为明确的商业属性，因此笔者参照当代中国最为大众化的商业数据——"大众点评"，用于研究北京当代商业健身房的现状规律。截至 2016 年底，北京有不同规模的商业运营的健身房共计 2676 个。

从整体的分布趋势上看，北京商业健身房在城市中心形成了诸多密集区，分别以奥体中心、金融街、望京社区、三元桥、东直门、三里屯、CBD 为中心；这样的分布同商业的密集程度是完全吻合的。而在周边区域，如昌平体育馆区域、通州北苑区域等，也形成了一定商业健身的聚集现象。而从分区数据来看^{（表5-3）}，也可以得出类似的结论：商业最为发达

表 5-3　北京市商业健身房分区分布

	商业健身房数量（个）	2015 年常住人口（万人）	单个健身房服务人数（人）	2015 年生产总值（亿元）
东城区	136	90.80	6676	1857.8
西城区	190	129.80	6832	3270.4
朝阳区	992	395.50	3987	4640.2
丰台区	226	232.40	10283	1169.9
石景山区	69	65.20	9449	430.2
海淀区	349	369.40	10585	4613.5
顺义区	234	102.00	4359	1440.9
通州区	149	137.80	9248	1676.8
大兴区	127	156.20	12299	510.2
房山区	53	104.60	19736	554.7
门头沟区	24	30.80	12833	144.1
昌平区	77	196.30	25494	657.3
平谷区	7	42.30	60429	197.1
密云区	19	47.90	25211	226.7
怀柔区	19	38.40	20211	234.2
延庆区	5	31.40	62800	107.3
共计	2676	2170.8	8112	23014.6

资料来源：商业健身房资料整理自大众点评 [EB/OL]. [2017-03-16]. www.dianping.com/search/keyword/2/45_健身房 /g147

的朝阳区内有将近 1000 个商业健身房，占总商业健身房数量的 37%；这一数字远远超过了其他区。由此不难得出，商业健身房作为一种自主的商业行为，在北京空间分布上严格遵循了商业规律，在商业活动最为活跃的中心区域聚集出现。

结合各区的常住人口，不难发现，现阶段商业健身房的分布并非均匀，集中于商业密集区，在北京外围的区分布数量相对较少。平谷区和延庆区的单个健身房服务人数超过了 6 万，是东城区和西城区的 10 倍，朝阳区的近 20 倍！与此同时，结合各区 2015 年的生产总值，不难发现各区县的健

图 5-27　北京市泵铁私教健身工作室

资料来源：http://fashion.sina.com.cn/l/2016-07-15/1444/doc-ifxuapvs8511335.shtml

身房数量同生产总值基本呈正相关。从上述两个数据的比较
不难得出，商业健身房的分布极大的受到了商业规律和经济
规律的影响。

　　在健身房空间层面，商业健身房延续了"模块化"的空
间发展趋势，在器械训练和操房两大分区的基础上，结合
各自定位加入诸如瑜伽、游泳池等特色功能。同时，考虑到
商业密集区租金较高的实际操作层面的问题，一些商业健身
房也在空间层面给出了解决方案。部分商业健身房（如海淀
区的青鸟健身（清华店）等）保持传统的空间格局，通过租
赁较为便宜的地下室空间降低成本。部分商业健身房（如
iFitStar 星健身、泵铁等）则进一步从运营方式上精简，形成
健身工作室或私教工作室❶的模式^{（图 5-27）}。此外，还有诸如
"超级猩猩"健身舱（Super Monkey Gym Box）❷^{（图 5-28）}这
样的模块化的商业健身房空间尝试。

3. 中国公共健身空间的核心

　　"健身室"是当代中国最为主要的公共健身空间类型，也
是同"健身"语境最为相关的空间载体。无论是社区健身房

❶ 健身工作室，或私教工作室，是当代
的商业健身房的全新运营模式。针对
健身运动基础较弱、需要专业指导的
健身者，提供全程一对一的健身教学。
同普通商业健身房不同的是，健身工
作室只进行私教课程。健身者只能通
过预约课程的方式进行健身训练。健
身工作室控制了同时健身的人数，减
小了大量固定器械的成本，并进一步
减小了商业房在空间（房租）上的负
担。国内具有代表性的私教工作室有
i fitness space、V lines fitness 等品牌（参
见私教工作室：最值得你花钱的奢侈
品［EB\OL］，http://www.jiemian.com/
article/215464.html，2016 年 12 月）

❷ 健身舱，是国内以"超级猩猩"为代
表的模块化健身房空间尝试。健身房
空间类似集装箱，通过标准化的建造
和设计，形成小型的可以放置在任何
城市公共空间中的健身功能单元。单
个健身舱为 50 平方米，其内设置各
类常见的健身器械和配套设施，但限
于规模只能供 6 人同时使用，采用在
线预约时间的方式使用。也正是因
此，健身舱是完全自助式的，没有任
何工作人员。单个健身舱的成本为 70
万～80 万元。（参见"这个开在商业
中心的 24 小时健身舱，是我想象中健
身房该有的样子"［EB/OL］，http://
www.pingwest.com/super-monkey-
gym/，2016 年 12 月）

图 5-28 超级猩猩健身舱
资料来源: http://www.pingwest.com/super-monkey-gym

还是商业健身房,都在以"全民健身"为导向的公共健身空间体系中占据极为重要的地位。

在规划层面,商业健身房依照商业规律的布局,通过在城市中心区的聚集,进一步将健身同大众日常生活相联系。社区健身房则遵循社区的布局规律,补充全民健身路径单纯"室外"的空间层面的不足,一定程度上丰富了社区健身体系的空间形式。两者遵循了截然不同的布局思路,保证了室内"健身室"在城市中的全面覆盖。

在空间层面,商业健身房的"模块化"的空间逻辑,在保证了健身运动的多元性的同时,也进一步渲染了健身运动对于肌肉、形体以及健康生活的追求,而这些也正是当代健身文化的核心内容。

在训练层面,商业健身房以器械力量训练和操课有氧训练为两大核心,并通过"模块化"的思路,将游泳、瑜伽等多元化的健身运动方式引入到健身房的训练体系中，进而形成了功能层面的"健身综合体"。健身功能的全覆盖奠定了商业健身房在健身训练功能上的核心地位。

综上所述，虽然在空间规模层面，"健身室"不及"健身场"和"健身厅"大，但作为一种室内的公共健身空间类型，其空间和训练层面的专业性和独立性远超后者，所能够提供的健身服务的高品质和多类型更是室外的"健身场"和室内的"健身厅"所无法媲美的。因此，以商业健身房为核心的"健身室"是当代中国以"全民健身"为导向的公共健身空间的核心。其提供了绝大部分的高品质和专业的公共健身服务，并引领着大众健身文化的发展方向。

第六章

结 语

本研究以体育学和建筑交叉学科的研究视角，在对西方近现代公共健身空间演进以及对西方影响下中国公共健身空间的发展历程的梳理基础上，对以西方为主的近现代公共健身空间进行空间分类，形成"健身场"、"健身厅"以及"健身室"三种基本空间类型。

"健身场"在文化层面产生自启蒙运动时期的"回归自我"和"回归自然"的理念，有着强烈的"提升自我"的文化背景；而在运动层面则产生于 18 世纪逐步成熟的以室外为主的健身训练方式。在历史维度上"健身场"依照规模可以分为没有分区、功能单一的"袖珍健身场"、存在明确分区并形成既定空间规律的"中型健身场"和规模宏大、分区散乱的"巨型健身场"三种空间类型。作为一种室外的公共健身空间类型，"健身场"有着建造运营成本极低的优势；而天气等自然因素的影响，也限制了"健身场"的训练内容难度。在当代中国城市中的"健身场"主要为"全民健身路径"和"专项活动场地"。

"健身厅"产生于人们对于健身运动效率的进一步追求。在"健身场"的基础上，19 世纪的健身先驱们精炼健身训练的内容和器械种类，最终成功将室外的训练内容压缩在室内的大厅中，进而形成"健身厅"。在历史维度上，"健身厅"根据其空间形式规模可以分为以法国校园健身房为代表的"单层大空间"、以德国 Turnhalle 为代表的"多层高空间"和以美国青年会会所健身房为代表的"跑马廊大厅"三种类型。作为大型的室内公共健身空间类型，"健身场"有着高额的建造和运营成本，致使其很难独立运营，多依附于学校等社会团体。在当代中国城市中的"健身厅"较少，主要为"综合房（馆）"，多为学校或社会机构的内部运动体育馆。

　　"健身室"产生于健身运动早已普及的 20 世纪。随着美国以力量、"强壮"为核心的"健美"文化的兴起，健身运动的目的、形式发生了巨大的转变，空间层面的需求也随之变小，成为"健身室"。在历史维度上"健身室"根据其空间形式可以分为存在表演意向的"健身舞台"、偏向专业但空间品质低下的"健身训练室"和健身内容多元的"健身模块"。遵循商业化的规划布局，"健身室"在空间上小而精致，而多元的健身内容也使得"健身室"型的公共健身空间很快取代"健身厅"成为当代大众健身场所的主流。在当代中国城市中的"健身室"主要有社区健身房和商业健身房两种形式，并以后者为主。

　　在历史的维度上，对公共健身空间进行分类，能够从理论层面对"公共健身空间"的概念进行界定，为后续对这一体育学和建筑学的交叉领域的研究提供参考。同时，将这一分类落实在对以北京为例的当代中国公共健身空间的研究上，能够初步建立建筑学空间视角的研究框架，为后续的现状和优化研究提供依据，搭建跨学科的研究桥梁，并最终为"全民健身"政策的发展贡献力量。

附

录

附录 A　英文文献（按作者姓名首字母排序）

A

Alexander A. Healthful Exercises for Girls[M]. George Philip & Son, 1887.

Andreasson J, Johansson T. The Global Gym: Gender, Health and Pedagogies[M]. London: Palgrave Macmillan, 2014.

Anon. The Oxford Gymnasium[J]. Jackson's Oxford Journal, 29 January, 1859.

Anon. The Oxford Gymnasium[J], The Illustrated London news, Nov 5, 1859.

Anthon C. A Dictionary of Greek and Roman Antiquities[M]. Harper, 1870.

B

Baker W J. Sports in the western world[M]. University of Illinois Press, 1988.

Baker W J. To pray or to play? the YMCA question in the United Kingdom and the United States, 1850–1900[J]. International Journal of The History of Sport, 2007, 11(1): 42–62.

Barland B. The Gym: Place of bodily regimes–training, diet and doping. Iron Game History[J]. The Journal of physical Culture, 2005, 8(4): 23–29.

Barney R K. America's First Turnverein: Commentary in Favor of Louisville, Kentucky[J]. Journal of Sport History, 1984, 11(1): 134–137.

Barney R K. The German–American Turnfest: America's Oldest Sport Festival[C]// PROCEEDINGS AND NEWSLETTER–NORTH AMERICAN SOCIETY FOR SPORT HISTORY. 1988, p. 17–18.

Beckwith K A. Building Strength: Alan Calvert, the Milo Bar–bell Company, and the Modernization of American Weight Training[D]. Austin: The University of Texas at Austin, 2006.

Beckwith K A, Todd J. Requiem for a Strongman: Reassessing the Career of Professor Louis Attila[J]. Iron Game History, 2002, 7(2–3): 42–55.

Beckwith K A, Todd J. Strength: America's First Muscle Magazine, 1914–1935[J]. Iron Game History, August 2005, Volume 9 Number 1: 11–28.

Bentham J. An introduction to the principles of morals and legislation[M]. Oxford: Clarendon Press, 1879.

Black J. Making the American Body: The Remarkable Saga of the Men and Women Whose Feats, Feuds, and Passions Shaped Fitness History[M]. U of Nebraska Press, 2013.

Boyd T D. The arch and the vault in Greek architecture[J]. American Journal of Archaeology, 1978: 83–100.

Brock M G, Curthoys M C. History of the University of Oxford: Volume VI[M]. Oxford: Clarendon Press, 1998.

Bryant D. William Blaikie and physical fitness in late nineteenth century America[J]. Iron Game History, 1992, 2: 3–6.

Broneer O. The Isthmian victory crown[J]. American Journal of Archaeology, 1962, 66(3): 259–263.

C

Caldwell A E. Human Physical Fitness and Activity: An Evolutionary and Life History Perspective[M]. Springer, 2016.

Cazers G, Miller G A. The German contribution to American physical education: A historical perspective[J]. Journal of Physical Education, Recreation & Dance, 2000, 71(6): 44–48.

Chaline E. The temple of perfection: A history of the gym[M]. Reaktion Books, 2015.

Chaline E. Traveller's Guide to The Ancient World: Greece: In The Year 415 BCE[M]. London: DAVID & CHARLES PLC, 2008.

Chapman D L. Sandow the magnificent: Eugen Sandow and the beginnings of bodybuilding[M]. University of Illinois Press, 1994.

Chesley A M. Indoor and outdoor gymnastic games[M]. New York: American sports publishing Company, 1913.

Chiosso J. The Gymnastic Polymachinon: Instructions for Performing a Systematic Series of Exercises on the Gymnastic & Calisthenic Polymachinon[M]. Walton & Maberly, 1855.

Cicero M T. On oratory and orators[M]. New York: Harper & Brothers, 1860.

Cross M. 100 People who Changed 20th-century America[M]. ABC-CLIO, 2013.

Crowther N B. Slaves and Greek athletics[J]. Quaderni Urbinati di Cultura Classica, 1992, 40(1): 35–42.

D

Daley C. The strongman of eugenics, Eugen Sandow[J]. Australian Historical Studies, 2002, 33(120): 233–248.

Dalleck L C, Kravitz L. The history of fitness[J]. IDEA Health and Fitness Source, 2002, 20(2): 26–33.

Danna S. The 97-Pound Weakling... who became "the World's Most Perfectly Developed Man" [J]. Iron Game History, Volume 4 Number 4, 1996.9: 3–6.

Desbonnet E, Chapman D. Hippolyte Triat[J]. Iron Game History, 1995, 4(1): 3–10.

Dio Chrys. The Forty-eighth Discourse: A Political Address in Assembly[EB/OL]. [2016-05-20]. http://penelope.uchicago.edu/Thayer/E/Roman/Texts/Dio_Chrysostom/Discourses/.

E

East W B. A Historical Review and Analysis of Army Physical Readiness Training and Assessment[R]. ARMY COMMAND AND GENERAL STAFF COLLEGE FORT LEAVENWORTH KS COMBAT STUDIES INST, 2013.

Eisenman P A, Barnett C R. Physical Fitness in the 1950s and 1970s: Why Did One Fail and the Other Boom?[J]. Quest, 1979, 31(1): 114–122.

F

Fagan G G. Bathing in public in the Roman world[M]. University of Michigan Press, 2002.

Fair J D. GEORGE JOWETT, OTTLEY COULTER, DAVID WILLOUGHBY AND THE ORGANIZATION OF AMERICAN WEIGHTLIFTING, 1911–1924[J]. Iron Game History, May 1993, Volume 2 Number 6: 3–15.

Fair J D. Strongmen of the Crescent City: Weightlifting at the New Orleans Athletic Club, 1872–1972[J]. Louisiana History: The Journal of the Louisiana Historical Association, 2004, 45(4): 407–444.

Fair J D. Mr. America: The tragic history of a bodybuilding icon[M]. University of Texas Press, 2015.

Fairs J R. The influence of Plato and Platonism on the development of physical education in Western culture[J]. Quest, 1968, 11(1): 14–23.

Flatena A R, Gillb A A. Virtual Delphi: Two case studies[J]. 2007.

Forbes C A. Expanded uses of the Greek gymnasium[J]. Classical Philology, 1945, 40(1): 32–42.

Ford E. The" De Arte Gymnastica" of Mercuriale[M]. Australasian Medical Publishing, 1954.

G

Gagarin M. The Oxford Encyclopedia of Ancient Greece and Rome[M]. Oxford University Press, 2009.

Gaines C, Butler G. Pumping iron: The art and sport of bodybuilding[M]. Simon & Schuster, 1981.

Gamble S D, Burgess J S. Peking: a social survey conducted, under the auspices of the Princeton University Center in China and the Peking Young Men's Christian Association[M]. George H. Doran Company, 1921.

Gardiner E N. Athletics in the ancient world[M]. Courier Corporation, 2002.

Gems G R, Borish L J, Pfister G. Sports in American History: From Colonization to Globalization[M]. Human Kinetics, 2008.

Gerber E W. "The Philanthropinum" , Innovators and institutions in physical education[M]. Philadelphia: Lea & Febiger, 1971.

Giessing J, "The Origins of German Bodybuilding: 1790-1970[J], Iron Game History, 9.2, December 2005: 8-20.

Glass S L. Palaistra and Gymnasium in Greek Architecture[D], Philadelphia: University of Pennsylvania, 1967.

Goodbody J. The illustrated history of gymnastics[M]. Beaufort Books, 1982.

Graves F P. A history of education during the middle ages and the transition to modern times[M]. Macmillan, 1914.

Grover K. Fitness in American culture: images of health, sport, and the body, 1830-1940[M]. Amherst, MA: University of Massachusetts Press, 1989.

Guttmann A. Sports: The first five millennia[M]. Univ of Massachusetts Press, 2007.

H

Hackensmith C W. History of physical education[M]. HarperCollins Publishers, 1966.

Hallett C H. The Roman nude: heroic portrait statuary 200 BC-AD 300[M]. Oxford: Oxford University Press, 2005.

Hansen A J. Muscle Beach Inc[J]. IronMan, Volume 19 Number, February 1960: 34-35.

Hanfmann G M A. The Sixteenth Campaign at Sardis (1973)[J]. Bulletin of the American Schools of Oriental Research, 1974: 31-60.

Harris H A. Sport in Greece and Rome[M]. Cornell University Press, 1972.

Hawhee D. Agonism and arete[J]. Philosophy and rhetoric, 2002, 35(3): 185-207.

Hofmann A R. Lady "Turners" in the United States: German American Identity, Gender Concerns, and "Turnerism"[J]. Journal of sport history, 2000, 27(3): 383-404.

Hofmann A R. Turnen and sport: Transatlantic transfers[M]. New York: Waxmann, 2004.

Hofmann A R, Pfister G U. Turnen – a Forgotten Movement Culture: Its Beginnings in Germany and Diffusion in United States[J]// Hofmann A R. Turnen and sport: Transatlantic transfers. New York: Waxmann, 2004.

Hofmann A R. The American turner movement: a history from its beginnings to 2000[M]. Max Kade German-American Center, Indiana University-Purdue University Indianapolis, 2010.

J

Jahn F L. A treatise on gymnasticks[M]. MA: S. Butler, 1828.

Jarvie G, Hwang D J, Brennan M. Sport, revolution and the Beijing Olympics[M]. Berg, 2008.

K

Keller C A. Making Model Citizens: The Chinese YMCA, Social Activism, and Internationalism in Republican China, 1919-1937[D]. University of Kansas, 1996.

Klein S. My Quarter Century in the Iron Game, Part 6[J]. Strength and Health, August 1944.

Kosar A, Todd J. Physical Fitness Magazine: Why Did it Fail?[J]. Iron Game History, December 1998, Volume 5 Number 3: 8-11.

Krueger A. The German Sonderweg in Turnen and Sport, 1870–1914 What's so German about the Germans?[C]// PROCEEDINGS AND NEWSLETTER–NORTH AMERICAN SOCIETY FOR SPORT HISTORY. 1995: 12–12.

Kyle D G. Athletics in ancient Athens[M]. Brill, 1993.

L

Lavelle G. Bodybuilding: Tracing the Evolution of the Ultimate Physique[M]. Romanart Books, 2011.

Leonard F E. A guide to the history of physical education[M]. Lea & Febiger, 1947.

Ling P H, Rothstein H, Roth M. The gymnastic free exercises of PH Ling[M]. 1853.

LIU Pinghao, ZHU Wenyi. A Study on the First Public Gymnasium in China—Shanghai YMCA Sichuan Rd Club[C]// ICHSD 2015. International Journal of Culture and History, Vol.1, No. 2, December 2015: 122–128.

Lupkin P. "Auteur" or Architectural Historian? Digitally Modeling the New York YMCA[J]. Visual Resources, 2009, 25(4): 379–402.

Lupkin P. Manhood Factories: YMCA Architecture and the Making of Modern Urban Culture[M]. U of Minnesota Press, 2010.

M

Maclaren A. A System of Physical Education: Theoretical and Practical[M]. Clarendon Press, 1885.

MacAuley D. A history of physical activity, health and medicine[J]. Journal of the Royal Society of Medicine, 1994, 87(1): 32.

Mazzucchi R. A Gymnasium in Jerusalem[J]. I. Xydopoulos et al.(Hgg.), Institutional Changes and Stability. Conflicts, Transitions, Social Values, Pisa, 2009: 19–34.

McKenzie S. Getting physical: The rise of fitness culture in America[M]. Lawrence: University Press of Kansas, 2013.

Mechikoff R A. A History and Philosophy of Sport and Physical Education[M]. fifth ed., NY: McGraw-Hill, 2008.

Middleton H. WMOR architects design new mobile gym concept inside a moving bus [EB/OL]. [2016.12.21]. https://www.designweek.co.uk/issues/23–29–may–2016/wmor–architects–design–new–mobile–gym–concept–inside–moving–bus/.

Miles L C. Early Greek Athletic Trainers[J]. Journal of Sport History, 2009, 36(2): 187–204.

Miller S G. Ancient greek athletics[M]. Yale University Press, 2006.

Miller S G. Arete: Greek sports from ancient sources[M]. Univ of California Press, 2012.

Moore L. FIT FOR CITIZENSHIP: BLACK SPARRING MASTERS, GYMNASIUM OWNERS, AND THE WHITE BODY, 1825 1886[J]. The Journal of African American History, 2011, 96(4): 448–473.

Morris A D. Cultivating the national body: a history of physical culture in republican China[D]. San Diego: University of California, 1998.

Morris A. "To Make the Four Hundred Million Move": The Late Qing Dynasty Origins of Modern Chinese Sport and Physical Culture[J]. Comparative studies in society and history, 2000, 42(4): 876–906.

Morris A D. Marrow of the Nation: A History of Sport and Physical Culture in Republican China[M]. Univ of California Press, 2004.

Murray E. Muscle Beach[M]. London: Arrow Books, 1980.

Murray J. A Tale of Two Trainers—John Fritshe and Sig Klein[J]. Iron Game History, Volume 3 Number 6, 1995.4.

N

Naul R, Hardman K. Sport and physical education in Germany[M]. Psychology Press, 2002.

Nellist G F. Men of Shanghai and North China[J]. A Standard Biographical Reference Work (Shanghai: Oriental Press, 1933), 1933: 118.

O

Ozyurtcu T. Flex Marks the Spot: Histories of Muscle Beach[D]. Austin: The University of Texas at Austin, 2014.

P

Paine R D. The Gospel of the Turn Verein[J]. Outing, XLVI, 1905 (2): 174–82.

Pfister G. Physical Activities in the Service of the Fatherland. Turnen and the National Movement in Germany, 1810–1820[C]//PROCEEDINGS AND NEWSLETTER–NORTH AMERICAN SOCIETY FOR SPORT HISTORY. 1995: 16–17.

Pfister G. Cultural confrontations: German Turnen, Swedish gymnastics and English sport European diversity in physical activities from a historical perspective[J]. Culture, Sport, Society, 2003, 6(1): 61–91.

Pfister G. The role of German Turners in American physical education[J]. The International Journal of the History of Sport, 2009, 26(13): 1893–1925.

Pfister G. Gymnastics, a transatlantic movement: From Europe to America[M]. Routledge, 2013.

Plato, translated by Benjamin Jowett. The Republic[M]. New York: Heritage Press, 1957, 北京 : 中国编译出版社 , 2008.04.

Plutarch, Rose H J. The Roman Questions of Plutarch: A New Translation, with Introductory Essays & a Running Commentary[M]. Biblo & Tannen Publishers, 1924.

Pollio V. Vitruvius: The Ten Books on Architecture[M]. Harvard university press, 1914.

Prag J R W. Auxilia and gymnasia: a Sicilian model of Roman imperialism[J]. Journal of Roman Studies, 2007, 97(01): 68–100.

Putney C W. Going Upscale: The YMCA and Postwar America, 1950–1990[J]. Journal of Sport History, 1993, 20(2): 151–166.

R

Ravenstein E G, Hulley J. A handbook of gymnastics and athletics[M]. London: Trübner, 1867.

Ravenstein E G, Hulley J. The Gymnasium and its Fittings: being an illustrated of gymnastic apparatus, covered and open–air gymnasia[M]. London: Trübner, 1867.

Reagan R. How to Stay Fit: The President's Personal Exercise Program[J]. Parade Magazine, 1983.12.4: 4–6.

Reid H L. Sport and moral education in Plato's Republic[J]. Journal of the Philosophy of Sport, 2007, 34(2).

Reid H. Athletic beauty in classical Greece: A philosophical view[J]. Journal of the Philosophy of Sport, 2012, 39(2): 281–297.

Riordan J, Jones R E. Sport and physical education in China[M]. London: Taylor & Francis, 1999.

Risedorph K A. Reformers, athletes, and students: the YMCA in China, 1895–1935[D]. Washington University, 1994.

Roach R. Muscle, Smoke, and Mirrors[M]. AuthorHouse, 2008.

Rose H J. The Roman Questions of Plutarch: A New Translation, with Introductory Essays & a Running Commentary[M]. Biblo & Tannen Publishers, 1924.

Rose M M. Muscle Beach: Where the best Bodies in the World started a fitness revolution[M]. New York: AN LA WEEKLY BOOK, 2001.

S

Sandow E. Sandow on Physical Training: A Study in the Perfect Type of the Human Form[M]. JS Tait & Sons, 1894.

Sandow E. Strength and how to Obtain it[M]. Gale & Polden, 1897.

GutsMuths J C F, Salzmann C G. Gymnastics for youth, or, a practical guide to healthful and amusing exercises for the use of schools: an essay toward the necessary improvement of education, chiefly as it relates to the body[M]. Philadelphia: P. BYRNE, 1803.

Scolnicov S. The Berkeley Plato: From Neglected Relic to Ancient Treasure. An Archaeological Detective Story. By Stephen G. Miller[J]. The European Legacy, 2012, 17(5): 709-710.

Shepard W P. Public Health Becomes a Profession[J]. The Yale journal of biology and medicine, 1947, 19(4): 771.

Shephard R J. An illustrated history of health and fitness, from pre-history to our post-modern world[M]. Springer, 2015.

Shurley J, Todd J. If Anyone Gets Slower You're Fired': Boyd Epley and the Formation of the Strength Coaching Profession." [J]. Iron Game History, 2011, 11(3): 4-18.

Skaltsa S. Gymnasium, Classical and Hellenistic times[J]. The Encyclopedia of Ancient History, 2012.

Spitz L W, Tinsley B S. Johann Sturm on Education the Reformation and Humanist Learning[J]. St Louis: Mo, 1995.

Stern M. The Fitness Movement and the Fitness Center Industry, 1960-2000[C]//Business History Conference. Business and Economic History On-line: Papers Presented at the BHC Annual Meeting. Business History Conference, 2008, 6: 1.

Stojiljković N, Ignjatović A, Savić Z, et al. History of resistance training[J]. Activities in Physical Education & Sport, 2013, 3(1).

Stone W J. Physical Activity and Health: Becoming Mainstream[J]. Complementary Health Practice Review, 2004, 9(2): 118-128.

Struna N L. People of prowess: Sport, leisure, and labor in early Anglo-America[M]. University of Illinois Press, 1996.

Sweet W E. Sport and recreation in ancient Greece: a sourcebook with translations[M]. Oxford University Press, 1987.

Sullivan A. Bodybuildings Bottom Line-Muscleheads[J]. New Republic, 1986, 195(11-12).

T

Tanoulas T. Greek Concepts of Space as Reflected in Ancient Greek Architecture[J]. Concepts of Space, Ancient and Modern, 1991: 157.

Tiling M P. History of the German Element in Texas from 1820-1850[M]. Рипол Классик, 1913.

Todd J. The Classical Ideal and Its Impact on the Search for Suitable Exercise: 1774 1830[J]. Iron Game History, 1992a, 2(4): 7-16.

Todd J. The Origins of Weight Training for Female Athletes in North America[J]. Iron Game History, 1992b, 2: 4-14.

Todd J. "Strength is Health": George Barker Windship and the First American Weight Training Boom[J]. Iron game history, 1993, 3(1): 3-14.

Todd J. From Milo to Milo: A history of barbells, dumbells, and indian clubs[J]. Iron Game History, 1995, 3(6): 4-16.

Todd J. The Bodies of Muscle Beach: 1945-1970[C]//PROCEEDINGS AND NEWSLETTER-NORTH AMERICAN SOCIETY FOR SPORT HISTORY. 2000: 32-33.

Todd J, Todd T. The Last Interview[J]. Iron Game History, 2000.12, Volume 6 Number 4, p 1-14.

Todd T. The Fall of the Original Muscle Beach[C]//PROCEEDINGS AND NEWSLETTER-NORTH AMERICAN

SOCIETY FOR SPORT HISTORY. 2001: 108–110.

Todd J. As Men Do Walk a Mile, Women Should Talk an Hour.... Tis Their Exercise,'and Other Pre-Enlightenment Thought on Women and Purposive Training[J]. Iron Game History, 2002, 7: 56–70.

Todd J. The strength builders: a history of barbells, dumbbells and Indian clubs[J]. The International Journal of the History of Sport, 2003, 20(1): 65–90.

Todd J. The History of Cardinal Farnese's 'Weary Hercules,'[J]. Iron Game History, 2005, 9(1): 29–34.

Todd T. The History of Strength Training for Athletes at the University of Texas." [J]. Iron Game History, 1993, 2: 6–13.

Todd T. The expansion of resistance training in US higher education through the mid-1960s[J]. Iron Game History, 1994, 3(4): 11–16.

Todd T, Todd J. The Science of Reps: The Strength Training Contributions of Dr. Richard A. Berger[J]. Iron Game History, February/ March 2013, Volume 12 Number 2: 12–15.

Tolzmann D H. German Cincinnati[M]. Arcadia Publishing, 2005.

Tolzmann D H. Festschrift for the German-American Tricentennial Jubilee, Cincinnati, 1983[M]. Cincinnati Historical Society, 1982.

W

Wallace-Hadfull A. To Be Roman, Go Greek Thoughts On Hellenization At Rome[J]. Bulletin of the Institute of Classical Studies, 1998, 42(S71): 79–91.

Warr A. The YMCA and YWCA in Early Twentieth-century China: Effecting Change Locally and Internationally[C]// SAHANZ 2015 architecture institutions and change, Proceedings of the Society of Architectural Historians Australia and New Zealand Vol. 32. Sydney: SAHANZ, 2015.

Wilson R J A. A Wandering Inscription from Rome and the So-Called Gymnasium at Syracuse[J]. Zeitschrift für Papyrologie und Epigraphik, 1988: 161–166.

Windship G B. Autobiographical sketches of a strength seeker[J]. Atlantic Monthly, 1862, 9(51): 102–115.

Winslow C E A. The evolution of public health and its objectives[J]. Public health in the world today, edited by Jamies Steveils Simmoils. Cambridge, Mass., Harvard University Press, 1949.

World Health Organization, Action for health in cities[R], WHO Regional Office for Europe, 1994.

Wright A. Twentieth Century Impressions of Hongkong, Shanghai, and other Treaty Ports of China: their history, people, commerce, industries, and resources[M]. Lloyds Greater Britain Publishing Company, 1908.

X

XING Wenjun. Social Gospel, Social Economics and the YMCA: Sidney Gamble and Princeton-in-Peking[D]. University of Massachusetts, 1992.

Y

Yarick E. The Steve Reeves I Know and Remember[J]. Muscle Mag International Vol. 2, No. 1 (May 1976): 33–36.

Yarnell D. Great Men, Great Gyms of the Golden Age[M]. CreateSpace Independent Publishing Platform, 2012.

Yegül F K, Bolgil M C, Foss C. The bath-gymnasium complex at Sardis[M]. Harvard University Press, 1986.

Yegül F K. Baths and bathing in classical antiquity[M]. Mit Press, 1995.

Yegül F K. Bathing in the Roman world[M]. Cambridge University Press, 2010.

YMCA. A Memorandum Respecting New York as a Field for Moral and Christian Effort Among Young Men[R], New York: by the Association, 1866. 14, Pamphlet Files, SHP p.v.5 no. 9, New York Public Library.

Z

Zald M N, Denton P. From evangelism to general service: The transformation of the YMCA[J]. Administrative Science Quarterly, 1963: 214-234.

Zinkin H, Hearn B. Remembering Muscle Beach: Where Hard Bodies Began: Photographs and Memories[M]. Angel City Press, 1999.

Zweiniger-Bargielowska I. Building a British superman: physical culture in interwar Britain[J]. Journal of Contemporary History, 2006, 41(4): 595-610.

Zweiniger-Bargielowska I. Managing the body: beauty, health, and fitness in Britain, 1880-1939[M]. Oxford: Oxford University Press, 2010.

附录 B 中文文献（按第一作者姓名拼音排序）

白彦荣，李金龙．八段锦历史源流的研究 [J]．当代体育科技，2014, 4(36): 208-209.

包蕾蕾．中德健身业对比和发展趋势新探 [J]．首都体育学院学报，2009 (2): 172.

毕春佑．健身教育教程 [M]．北京：科学出版社，2006.

成都体育学院体育史研究所．中国近代体育史资料 [M]．成都：四川教育出版社，1988.

陈峰，胡文宁．宋代武成王庙与朝政关系初探 [J]．中国史研究，2012, 2: 013.

陈公哲．精武会五十年 武术发展史 [M]．香港：中央精武，1957.

陈晴．清末民初新式体育的传入于嬗变 [D]．武汉：华中师范大学，2007.

陈铁生．精武本纪 [M]．上海：精武体育会，1919.

陈维麟．北京基督教青年会的体育活动简况 [G]// 体育文史资料编审委员会编．体育史料第四辑．北京：人民体育出版社，1981.

陈显明，梁友德，杜克和．中国棒球运动史（中国体育单项运动史丛书）[M]．武汉：武汉出版社，1990.

陈跃华．运动健身科学原理与方法研究 [M]．中国水利水电出版社，2013.

蔡扬武．从精武体育会看东方体育与西方体育的交汇 [J]．体育文化导刊，1992, 6: 001.

蔡艺．古代中希体育文化比较——以神话为视角 [D]．北京：北京体育大学，2009.

代金刚．《诸病源候论》导引法研究 [D]．北京：中国中医科学院，2014.

邓烨．北宋东京城市空间形态研究 [D]．北京：清华大学，2004.

丁守伟．中国传统武术转型研究（1911—1949）[D]．西安：陕西师范大学，2012.

董鹏，顾渶，赵之心，等．北京市全民健身路径使用情况调查 [J]．中国体育科技，2003, 39(1): 40-41.

樊可．多元视角下的体育建筑研究 [D]．上海：同济大学，2007.

范克平．旧时国立南京中央国术馆写真 [J]．中华武术，2004.07.

范文娟．嵩山古建筑群研究 [D]．郑州：郑州大学，2010.

冯琰，樊可．城市经济背景下的体育建筑分析 [J]．建筑师，2008 (3): 47-51.

高岛航（日），袁广泉（译）．上海圣约翰大学竞技体育小史 (1890~1925)[J]．当代日本中国研究 (Japanese Studies of Contemporary China), 2015.01.

高林．室内健身器械设计的探析 [D]．上海：同济大学，2007.

高山兴，钱锋．浅谈体育建筑绿色设计的策略应用 [J]．建筑技艺，2013 (4): 239-241.

龚润．建国初期成都电影业发展述论（1950 年 ~1966 年）[D]．成都：四川师范大学，2012.

顾长声．传教士与近代中国 [M]．上海：上海人民出版社，2004.

谷世权．中国体育史 [M]．北京：北京体育大学出版社，1997.

国家体委武术研究院．中国武术史 [M]．北京：人民体育出版社，1996.

郭庆红，王琳钢，刘铁民，等．忆往昔峥嵘岁月稠——上世纪八十年代健身健美运动发展回顾 [J]．科学健身，2011 (11): 77-87.

国务院．全民健身计划（2016-2020)[S]．国务院国发〔2016〕37 号，2016.

韩锡曾．浅谈精武体育会在我国近代体育史上的地位和作用 [J]．浙江体育科学，1993 (1): 52-55.

何竹淇．两宋农民战争史料汇编 [M]．北京：中华书局，1976.

黄谋军．明代武学始置时间考辨 [J]．牡丹江大学学报，2016, 25(2): 20-23.

嘉祐．中国人最早设计的商厦八仙桥青年会 [J]．华中建筑，1997.2: 109.

姜东成．元大都孔庙，国子学的建筑模式与基址规模探析 [J]．故宫博物院院刊，2007, 2007(2): 10-27.

贾永梅．基督教青年会传入中国史实考略 [J]．史学月刊，2008 (2): 131-133.

蒋蓝．成都最早的电影院 [J]．西部广播电视，2010, 4.

蒋维震．康有为体育思想研究 [D]．长沙：湖南师范大学，2011.

江苏省国术馆．江苏省国术馆年刊 [M]．江苏省国术馆，1929.

匡淑平．上海近代体育研究（1843—1949）[D]．上海：上海体育学院，2011.

兰俊，朱文一．当代北京影院建筑空间模式初探 [J]．建筑创作，2011 (12): 162-167.

兰俊．影院建筑的崛起——美国电影官殿溯源 [J]．华中建筑，2011 (12): 12-15.

兰俊，朱文一．院线制下的北京影院布局初探 [J]．北京规划建设，2011, 6: 023.

兰俊．美国影院建筑百年 [J]．世界建筑，2012 (2): 86-91.

兰俊．美国影院建筑发展史 [M]．北京：中国建筑工业出版社，2013.

兰俊．从电影官殿到新影院——好莱坞"黄金时代"的影院建筑演进 [J]．华中建筑，2014, 32(9): 25-32.

兰俊．美国影院发展史研究 [D]．北京：清华大学，2012.

李大威，吴艳，韩放．健身运动 [M]．哈尔滨：东北林业大学出版社，2002.

李合群．北宋东京布局研究 [D]．郑州：郑州大学，2005.

李林．清代武生的管理，训练与考课 [J]．史学月刊，2015 (12): 50-60.

李林．清代武生学的人数及其地域分布 [J]．华东师范大学学报（教育科学版），2015, 3: 013.

李佩弦．精武体育会简史 [J]．体育文史，1983, 1: 34.

李胜前．谭嗣同体育思想研究 [D]．长沙：湖南大学，2009.

李新伟．北宋军校教育探析 [J]．大学教育科学，2008 (5): 87-91.

李煜，朱文一．纽约城市公共健康空间设计导则及其对北京的启示 [J]．世界建筑，2013 (9): 130-133.

李煜．城市"易致病"空间若干理论研究 [D]．北京：清华大学，2014.

李煜．城市易致病空间理论 [M]．北京：中国建筑工业出版社，2016.

李中武．杨昌济体育教育思想研究 [D]．长沙：湖南大学体育学院，2009.

林笑峰．健身教育论 [M]．长春：东北师范大学出版社，2008.

梁恒，李静波．新中国成立以来我国体育锻炼标准的变迁 [J]．体育学刊，2011, 5: 015.

梁小初．中国基督教青年会五十年简史 [G]//上海中华基督教青年会全国协会．中华基督教青年会五十周年纪念册：1885-1935[M]．上海：中华基督教青年会全国协会，1935.

刘焕明，李雷，刘威．毛泽东《体育之研究》之研究 [J]．河南广播电视大学学报，2008, 21(2): 18-19.

刘丽．试论中国传统健康观的审美价值 [J]．护理研究，2002, 11: 001.

刘朴．汉竹简《引书》中健康导引法的复原及特征研究 [J]．体育科学，2008, 28(12): 81-94.

刘生杰，郭显德．太极拳与广场舞对中老年妇女健身效果的比较研究 [J]．中国体育科技，2013, 49(5): 103-105.

刘旭东．民国时期"中央国术馆"成立历史背景探析 [J]．搏击：武术科学，2014, 11(5): 16-18.

娄承浩，薛顺生．老上海经典建筑 [M]．上海：同济大学出版社，2002.

娄承浩，薛顺生．老上海营造业及建筑史 [M]．上海：同济大学出版社，2004.

娄琢玉．我和健美之路 // 健美之路 [M]．广州：广东人民出版社，1983.

路祎祎．史论民间武术价值功能的嬗变 [D]．北京：北京体育大学体育学，2013.

卢晓文．中国现代健美运动发展的历史回顾 [J]．体育文化导刊，2003, 9: 64-65.

吕青，李相如，徐向军，等．北京市健身路径发展和使用的现状及对策研究 [J]．山东体育学院学报，2006, 22(6): 26-28.

马国馨．持续发展观和体育建筑 [J]．建筑学报，1998 (10): 18-20.

马国馨．社会化产业化的体育及体育设施 [J]．世界建筑，1999 (3): 16-22.

马国馨 . 从亚运走向奥运 [J]. 建筑创作，2006 (7): 66–83.

马国馨 . 和谐社会体育应惠及全民 [J]. 城市建筑，2007 (11): 6–8.

马国馨 . 由亚及奥看发展与思考 [J]. 南方建筑，2009 (2): 4–7.

马国馨 . 体育建筑一甲子 [J]. 城市建筑，2010 (11): 6–10.

马廉桢 . 略论中国近代本土体育社团对外来社团在华发展的借鉴——以精武体育会对基督教青年会的模仿为例 [J]. 搏击：武术科学，2010 (3): 68–70.

马明达 . 走向世界的少林文化 [J]. 体育文化导刊，2004, 1: 15–16.

毛泽东 . 体育之研究 [M]. 人民体育出版社，1979.

梅季魁 . 中国体育建筑发展特点概说 [J]. 建筑技术及设计，2004 (8): 32–33.

梅季魁 . 体育场馆建设刍议 [J]. 城市建筑，2007 (11): 9–11.

梅腾 . 河南佛教寺院建筑初探 [D]. 郑州：郑州大学，2007.

明华锋，陈慧 . 千年不朽：马王堆汉墓 [M]. 吉林：吉林出版集团有限责任公司，2015.

宁可 . "社邑" [J]. 北京师院学报，1985, (1).

平杰 . 现代化进程中的上海竞技体育研究 [D]. 上海：上海体育学院，2004.

蒲仪军 . 现代健身俱乐部设计 [M]. 北京：中国建筑工业出版社，2011.

钱锋，王伟东 . 体育建筑形象创新与结构设计 [J]. 新建筑，2009, 2009(1): 72–74.

钱锋，赵诗佳 . 上海体育建筑改造的几点思考 [J]. 城市建筑，2015 (25): 17–20.

钱锋，程剑 . 体育建筑策划研究 [J]. 城市建筑，2016 (28): 23–24.

全国体育学院教材委员会 . 健美运动 [M]. 北京：人民体育出版社，1991.

人民体育出版社 . 广播体操手册，第三版 [M]. 北京：人民体育出版社，1964.

人民体育出版社 . 大家都在做广播体操 [M]. 北京：人民体育出版社，1954.

上海中华基督教青年会全国协会 . 中华基督教青年会五十周年纪念册：1885–1935[M]. 上海：中华基督教青年会全国协会，1935.

上海体育志编纂委员会 . 上海体育志 [M]. 上海：上海社会科学院出版社，1996.

宋如海 . 青年会对于体育之贡献 [G]// 上海中华基督教青年会全国协会 . 中华基督教青年会五十周年纪念册：1885–1935[M]. 上海：中华基督教青年会全国协会，1935.

沈丽玲，近代江苏省城市体育社团的发展演变（1985—1937）[D]. 福州：福建师范大学，2004.

沈寿 . 古本华佗五禽戏考释 [J]. 成都体育学院学报，1980 (2): 6–16.

沈寿 . 西汉帛画《导引图》结合《阴阳十一脉灸经》综探 [J]. 成都体育学院学报，1983 (4): 11–15.

沈寿 . 西汉帛画《导引图》考辨 [J]. 成都体育学院学报，1989 (1): 1–7.

沈寿 . 导引养生百法图谱 [M]. 北京：北京体育学院出版社，1994.

沈寿 . 毛泽东"六段运动"考辨 [J]. 体育文史，1994, 2.

沈寿 . 我国"体育"一词可能出现在 19 世纪 60 年代 [J]. 成都体育学院学报，1994c, 2: 20.

沈欣 . 清末民初的北京体育近代化变革 [J]. 明清论丛，2011: 043.

沈旸 . 明清北京国子监孔庙的空间格局演变 [J]. 建筑学报，2011 (S1): 55–61.

石立江 . 大众文化视野下的健身房文化 [J]. 体育学刊，2007, 14(3): 27–29.

史江 . 宋代会社研究 [D]. 成都：四川大学，2002.

史孝进 . 道家养生学的形成于发展简述 [M]. 中国道教，2003.

斯通普夫，菲泽（美），丁三东等译 . 西方哲学史 [M]，第 7 版 . 北京：中华书局，2004.

孙一民，汪奋强，叶伟康 . 公共体育场馆的建设标准刍议 [J]. 南方建筑，2009 (6): 4–5.

孙中山 . 中山先生亲书"勉中国基督教青年"原稿（孙中山学术研究资讯网）[EB\OL]. [2016-12-28]. http://sun.yatsen.gov.tw/content.php?cid=S01_06_01_01.

谭君 . "文革"时期北京民众的娱乐活动 [D]. 北京：首都师范大学，2013.

谭秋燕. 梁启超体育思想研究 [D]. 长沙：湖南大学，2011.

田红菊. 清代秘密结社武术活动中的文武场 [J]. 武汉体育学院学报，1999 (4): 20-22.

田里. 对我国健身房现状的调查 [J]. 体育科学，2003, 23(3): 46-51.

铁锋居士（明），河滨丈人（明），等. 保生心鉴 摄生要义 [M]，中医古籍出版社，1994.

汪浩，朱文一. 大众滑冰空间与北京城 [J]. 北京规划建设，2011, 6: 025.

汪浩. 当代北京群众体育空间研究 [D]. 北京：清华大学，2012.

王惠霖. 宋代武学考述 [J]. 社会科学论坛，2008(11B): 119-122.

王佳音. 北京文庙的历史格局与现状 [J]. 中国文化遗产，2014, 5: 010.

王军伟. 春秋战国时期侠客与武术关系之考究 [D]. 上海：上海体育学院，2011.

王昆仑. 河北弓箭社考略 [J]. 山东体育学院学报，2009, 25(11): 32-35.

王涛. 中国武术的传承研究 [D]. 北京：北京体育大学，2009.

王雅洁. 天津近代体育文化变迁研究——基于西方体育文化传播视角 [D]. 天津：天津体育学院，2012.

王以欣. 神话与竞技：古希腊体育运动与奥林匹克赛会起源 [M]. 天津人民出版社，2008.

威尔·杜兰（美）. 世界文明史 [M]，第十一卷. 北京：东方出版社，1999.

魏燕利. 从传存到创新——试论道教对中国古代体操导引术的贡献 [J]. 淮北煤炭师范学院学报：哲学社会科学版，2008, 29(3): 69-71.

吴志超.《陈希夷导引坐功图势》考探 [J]. 北京体育大学学报，1994, 17(1): 19-25.

吴志超，沈寿.《却谷食气篇》初探 [J]. 北京体育大学学报，1981 (3): 13-18.

徐潜. 中国古代体育与健身 [M]. 吉林：吉林出版集团吉林文史出版社，2014.

徐燕玲. 我国成人广播体操的发展演变与发展趋势的研究 [D]. 北京：北京体育大学，2013.

许奋奋. 严复体育思想探析 [J]. 龙岩学院学报，1998 (1): 99-100.

许有根. 武举制度史略 [M]. 苏州：苏州大学出版社，1997.

杨红光. "八段锦"源流及其文化内涵探析 [D]. 郑州：郑州大学体育学院，2011.

杨立超，刘婷，王广亮. 我国全民健身路径工程发展历程，存在问题及对策 [J]. 浙江体育科学，2010, 32(2): 7-12.

杨世勇. 中国健美史略 [J]. 成都体育学院学报，1988 (3): 29-33.

杨嘉丽，龙志飞，王锐. 体育建筑的特性和功能及内涵 [J]. 山西建筑，2010, 36(14): 31-32.

杨嘉丽. 补齐短板，提升质量——论如何推动体育设施建设 [J]. 城市建筑，2016 (28): 16-18.

杨晓光. 天津市筹建"中国篮球博物馆"的可行性分析与筹建规划研究 [D]. 天津：天津体育学院，2013.

杨媛媛. 近代上海精武体育会研究（1910-1949）[D]. 上海：华东师范大学，2014.

叶封. 少林寺志 [M]. 扬州：江苏广陵古籍刻印社，1997.

于丽爽. 中国广播体操由来 [J]. 传承，2010 (10): 10-12.

虞学群，吴仲德. 原南京中央国术馆的历史变迁 [J]. 南京体育学院学报，1996, 1: 013.

余万予. 试论杨昌济的体育思想及其对《体育之研究》的影响 [J]. 体育文化导刊，1989, 3: 8.

曾彦. 篮球规则演变的探讨研究 [D]. 武汉：武汉体育学院，2012.

张复合，李蔚楠. 清华大学西体育馆研究 [C]// 中国近代建筑研究与保护. 北京：清华大学出版社，2008.

张昊，王卫东，张立增，等. 体育设施标准化战略研究 [J]. 中国标准化，2006 (9): 19-22.

张建业，王艳红. 对我国全民健身路径工程现状的思考 [J]. 首都体育学院学报，2005, 17(1): 30-32.

张三春. 近代天津基督教青年会的体育活动 [J]. 体育文史，1987, 5: 006.

张爽. 角抵戏研究 [硕士学位论文]. 南昌：江西师范大学，2013.

张新宇. 清代北京藏传佛寺修建史事与修缮制度杂考 [D]. 北京：中央民族大学，2010.

张燕来，北京地名的语言学考察 [D]. 北京：北京语言文化大学，2000.

张志伟. 基督化与世俗化的挣扎：上海基督教青年会研究，1900-1922（第二版）[M]. 台北：台湾大学出版中心，2010.

赵葆寓．宋代乡兵中的"社" [J]．首都师范大学学报：社会科学版，1985（4）：16-21.

赵长贵．明清时期少林寺与少林武术研究 [硕士学位论文]．开封：河南大学，2008.

赵晓阳．强健之路：基督教青年会对近代中国体育的历史贡献 [J]．南京体育学院学报，2003, 17(2)：11-14.

赵竹光．上海健身学院（1940-1959）[G]// 体育文史资料编审委员会．体育史料·第 1 辑．北京：人民体育出版社，1980.

郑皓怀，钱锋．国外社区体育设施的发展建设初探 [J]．建筑学报，2008（1）：41-45.

郑重，任亚方．北京市健身房空间布局研究 [J]．首都体育学院学报，2013, 25(5)：407-410.

郑腾腾．论广场舞的健身效应 [J]．搏击：武术科学，2013（4）：112-114.

中共中央党校理论研究室．历史的丰碑：中华人民共和国国史全鉴·十二 体育卷 [M]．北京：中共中央文献出版社，2004.

中国国家图书馆．北京古地图集 [M]．北京：测绘出版社，2010.

中华人民共和国国家质量监督检验检疫总局．GB/T 18266.2-2002 体育场所等级的划分 第 2 部分：健身房星级的划分及评定 [S]．北京：中国标准出版社，2002.

周佳泉．基督教青年会与中国近现代体育 [J]．体育文史，1998, 2：33-33.

周伟良．清代秘密结社武术活动试析 [J]．成都体育学院学报，1991（4）：1-8.

周伟良．《易筋经》的作者，主要版本及其内容流变 [J]．首都体育学院学报，2009（2）：138-146.

周伟良．中国武术史 [M]．北京：高等教育出版社，2003.

周兴涛．宋明武学概览 [J]．北京体育大学学报，2013（2）：16-20.

周义义，王智慧．论镖局文化与中国武术文化的融合 [J]．北京体育大学学报，2016, 2：006.

周元超．论杨昌济先生对毛泽东早期体育思想的影响 [J]．当代教育理论与实践，2009, 1(1)：3-4.

周治良．国外体育建筑之启示 [J]．世界建筑，1983, 5：001.

周致元．明代武学探微 [J]．安徽大学学报：哲学社会科学版，1994（3）：109-112.

朱金官．健身健美手册 [M]．北京：中国大百科全书出版社，1995.

朱文一．空间·符号·城市：一种城市设计理论 [M]．中国建筑工业出版社，2010.

朱文一．当代中国建筑量度 [J]．建筑学报，2012（2012 年 05）：95-98.

朱文一，刘平浩．"城市翻修"教学系列报告（21）：天津滨海新区塘沽南站改造设计 [J]．世界建筑，2013（11）：128-131.

朱文一．城市弱势建筑学纲要 [J]．建筑学报，2013（11）：8-13.

朱文一．城市设计建筑 [J]．建筑学报，2016(7)：7-10.

朱银龙．南京气象学院健身房 [J]．华中建筑，1986, 3：001.

庄惟敏．用建筑语言表达体育建筑的内在精神——清华东北区体育场馆规划设计 [J]．工业建筑，2001, 31(12)：1-3.

庄惟敏，叶菁．21 届世界大学生运动会跳水比赛馆——清华大学游泳跳水馆设计 [J]．新建筑，2004（2）：34-36.

庄惟敏，祁斌．回归自然的追求：2008 奥运会北京射击馆 [J]．建筑创作，2007（7）：102-109.

庄惟敏，祁斌．与自然对话，以巧搏力——2008 奥运会北京射击馆，飞碟靶场建筑设计 [J]．世界建筑，2007（9）：126-133.

庄惟敏，祁斌．2008 奥运会北京射击馆建筑设计 [J]．建筑学报，2007（10）：38-45.

庄惟敏，祁斌．2008 奥运会飞碟靶场 [J]．建筑学报，2008（2）：20-23.

庄惟敏，苏实．策划体育建筑——"后奥运时代"的体育建筑设计策划 [J]．新建筑，2010, 4：005.

庄惟敏．建筑策划与设计 [M]．北京：中国建筑工业出版社，2016.

左芙蓉．社会福音·社会服务与社会改造——北京基督教青年会历史研究 1906-1949[M]．北京：宗教文化出版社，2005.

附录 C 其他语种文献（按作者姓名首字母排序）

A

Amorós F. Gymnase normal, militaire et civil, idée et état de cette institution au commencement de l'année 1821[M]. Paris: P.N.ROUGERON, 1821.

Amorós F. Manuel de l'éducation physique, gymnastique et morale[M]. Paris: Roret, 1830.

Amorós F. Nouveau manuel complet d'éducation physique, gymnastique et morale par le colonel Amoros, Marquis de Sotelo[M]. Paris: Roret, 1848.

Andrieu G. La gymnastique au XIXe siécle ou la naissance de l'éducation physique: 1789–1914[M]. Ed. Actio, 1999.

Angerstein W. Anleitung zur Einrichtung von Turnanstalten für jedes Alter und Geschlecht: nebst Beschreibung u. Abb. aller beim Turnen gebräuchl. Geräthe u. Gerüste mit genauer Angabe ihrer Maße u. Aufstellungsart[M]. Haude u. Spener, 1863.

Anon. 200 Jahre Turnkunst [EB/OL]. [2016–06–26]. http://www.vtf–hamburg.de/de/news/2016/200–jahre–lebendige–turnbewegung/200–jahre–turnkunst.html

C

Cibot P M. Notice du cong–fou des Bonzes Tao–sée[G]//Mémoires concernant l'histoire, les sciences, les arts, les mœurs, les usages & c. des Chinois, par les missionnaires de Pekin[M], 4th ed. Paris: Nyon, 1779.

Clias P H. Gymnastique élémentaire ou cours analytique et gradué d'exercices propres à développer et à fortifier l'organisation humaine[M]. L. Colas, 1819.

D

D'AVILER A C. Dictionnaire d'architecture civile et hydraulique, et des arts qué en dépendent..[M]. Charles–Antoine Jonnbert, 1755.

Desbonnet E, Les Rois De La Force: Histoire de tous les Hommes Forts depuis les temps anciens jusqu'à nos jours[M]. Paris: Librairie Berger–Levrault, 1911.

Dudgeon J. Kung–Fu, or Tauist Medical Gymnastics[M]. Library of Alexandria, 1895.

Durivier J A A, Jauffret L F. La gymnastique de la jeunesse ou Traité élémentaire des jeux d'exercice, considérés sous le rapport de leur utilité physique et morale[M]. 1803.

G

Gasch R. Das gesamte Turnwesen[J]. Lesebuch für deutsche Turner, 1893.

H

Harris W V. Rome: Dea Carna to Gymnasium Neronis. EM STEINBY (ed.), LEXICON TOPOGRAPHICUM URBIS ROMAE, VOLUME II, DG (Edizioni Quasar, Roma 1995). Pp. 500. 187 figs[J]. Journal of Roman Archaeology, 1997, 10: 383–388.

K

Kürvers K, Niedermeier M. Wunderkreis, Labyrinth und Troiaspiel: Rekonstruktion und Deutung des lusus troiae [J]. kritische berichte-Zeitschrift für Kunst-und Kulturwissenschaften, 2013, 33(2): 5-25.

L

Laisné N A. Observations sur l'enseignement actuel de la gymnastique civile et militaire[M]. L. Hachette, 1870.

Le Cœur M. Couvert, découvert, redécouvert... L'invention du gymnase scolaire en France (1818-1872) [J]. Histoire de l'éducation, 2004: 109-135.

Le Cœur M, d'Orsay M, des Musées Nationaux R. Charles Le Cœur (1830-1906), architecte et premier amateur de Renoir[M]. Éditions de la Réunion des musées nationaux, 1996.

Ling P H. Reglemente för gymnastik[M]. Stockholm: Elmén & Granberg, 1836.

M

Mercvrialis H.De Arte Gymnastica: Libri Sex[M]. sumptibus Andreæ Frisii, 1672.

后　记

本书是以我的博士论文《西方近现代公共健身空间类型及其对中国的影响》为基础重新梳理而成，是我在清华大学的5年博士学习研究成果的结晶。感谢在这一过程中给予我帮助的所有人。

感谢我的导师朱文一教授对本人的悉心指导。从硕士学习阶段到博士学习阶段，通过参与各类的设计实践、基金申报工作，以及各种国际学术交流活动，我学到了很多东西。

感谢我的父母这些年对我的支持和鼓励。你们的支持是我攻读博士期间最大的动力和力量。同时感谢我的夫人高倩，与我共同进步，给我最大的包容和爱。

感谢曾经本科、硕士和博士期间给予过我指导的韩孟臻、黄鹤、尹思谨、王毅、邹欢、李亮、程晓喜、李晓东、周燕珉、周榕、边兰春以及张利、刘健、朱育帆、张悦、庄惟敏老师。感谢硕士阶段的副导师张桦老师。你们见证了我的成长。我一定不会辜负你们的教诲。

感谢金秋野、高巍、商谦、汪浩、赵建彤、兰俊、罗丹、孙晨光、万博师兄、李煜师姐以及傅隽声、卓信成、徐若云、梁迎亚、赵健程的关心和帮助。进办公室之后，你们给了我很大的肯定，让我在师门中找到了家的感觉。

感谢顾志琦、符传庆、李岑、张愉、孔君涛、李屹华以及王焓、于梦瑶等等本科同学们的加油和不抛弃。我会赶紧找好工作，成家立业，大家放心吧。

感谢北京体育大学的张爱红老师和陆璐老师在论文阶段给了我体育学领域的指导。同时还要感谢北京建筑大学的欧阳文、蒋芳、张大玉老师对我的帮助和教诲。

感谢这些年陪我游泳的建筑学院泳队的魏庆芃老师以及王舸、宋科、季若辰、郝奇、徐越家、王澜钦、王希尧、郭尧豪，是你们造就了热爱运动的我。感谢这些年陪伴我一起健身的喻强、赵思晨、刘忆、李薇、牟晶晶、杨帆、肖梦崖、张伯斗、朱仕达等小伙伴，因为和你们健身才有了这样的一篇博士论文。

最后感谢导师的博士点基金和国家自然科学基金"城市弱势空间研究"以及李煜学姐国家自然科学基金"基于肥胖症等流行病预防理论的当代城市设计中'易致病空间因素'影响机制及整治设计策略研究"的支持。